中央高校教改基金专项资金资助
普通高等教育"十三五"规划教材

光电子专业实验

主　编　陈洪云　周俐娜　郑安寿
副主编　张光勇　杜秋姣　万　淼
　　　　马　冲　吕　涛

U0278867

华中科技大学出版社
中国·武汉

内 容 简 介

本书是作者在多年从事光电子方向理论教学和实验教学的基础上编写而成的,以培养学生实际动手能力和综合应用所学理论知识的能力为宗旨;所选实验一方面紧密结合理论课讲授内容,同时也反映了一些目前被广泛应用的技术,并吸收了教师们在科学研究中的成果。全书包括物理光学实验、应用光学实验、信息光学实验、激光原理与应用实验、光电技术与光学传感实验、CCD 基础与应用实验、研究型实验与综合性实验七大部分,共 48 个实验。

本书适合大专院校物理专业、光电子技术专业、信息光电技术专业、光学专业等相关专业高年级本科生或研究生使用,也可供从事科学实验的相关科技人员参考。

图书在版编目(CIP)数据

光电子专业实验/陈洪云,周俐娜,郑安寿主编. —武汉:华中科技大学出版社,2019.1
ISBN 978-7-5680-4890-3

Ⅰ.①光…　Ⅱ.①陈…　②周…　③郑…　Ⅲ.①光电子技术-实验-高等学校-教材　Ⅳ.①TN2-33

中国版本图书馆 CIP 数据核字(2019)第 016301 号

光电子专业实验
Guangdianzi Zhuanye Shiyan

陈洪云　周俐娜　郑安寿　主编

策划编辑:周芬娜
责任编辑:余　涛
封面设计:刘　卉
责任校对:张会军
责任监印:赵　月

出版发行:华中科技大学出版社(中国·武汉)　　电话:(027)81321913
　　　　　武汉市东湖新技术开发区华工科技园　　邮编:430223
录　排:华中科技大学惠友文印中心
印　刷:武汉市洪林印务有限公司
开　本:787mm×1092mm　1/16
印　张:12.75
字　数:314 千字
版　次:2019 年 1 月第 1 版第 1 次印刷
定　价:38.00 元

前　言

　　光电子技术是光子技术与电子技术相互融合而形成的一门技术,靠光子和电子的共同行为来执行其功能,是继微电子技术之后迅速兴起的一个高科技领域,在当今信息时代占有重要的地位。近年来,光电子技术发展很快,应用领域日益增多,成为信息科学的重要分支,并得到越来越广泛的应用。

　　本书是作者在多年从事光电子方向理论教学和实验教学的基础上编写而成的,教材同时也吸收了教师们在实际科学研究中的成果。本书配合光电子技术理论的学习,按照循序渐进的原则,安排了物理光学实验、应用光学实验、信息光学实验、激光原理与应用实验、光电技术与光学传感实验、CCD基础与应用实验、研究型实验与综合性实验总共七大部分,以使学生打牢基础、巩固理论、提升能力,切实培养学生的科学实验素质、分析解决问题的能力及创新思维。

　　本书编写分工如下:陈洪云撰写实验6、12、32、35、36、37、38、39、40、43;周俐娜撰写实验19、20、21、22、33、34、41、46;郑安寿撰写实验1、2、3、4、5;张光勇撰写实验7、8、9、10、11;杜秋姣撰写实验13、14、15、16、17、18、42;万淼撰写实验28、29、30、31、44、45;吕涛撰写实验23、27、47、48;马冲撰写实验24、25、26;全书由陈洪云、周俐娜、张光勇负责审校、定稿。

　　本书适合大专院校物理专业、光电子技术专业、信息光电技术专业、光学专业等相关专业高年级本科生或研究生使用,也可供从事科学实验的相关科技人员参考。

　　在本书的编写过程中参考了大量的国内外光学实验相关的教材、著作和最新研究成果,有些已在参考资料中列出,有些未能一一列出,在此一并表示诚挚的谢意。

　　由于编写时间仓促,加之编者经验不足、水平有限,书中的疏漏、不足,甚至错误之处在所难免,衷心希望专家及广大读者对本书提出批评指正意见,以供我们再版时改正,提高本书的编写质量。

编者

2018 年 11 月

目　　录

第一部分　物理光学实验

物理光学是光学中非常重要的组成部分,内容包括光的干涉、衍射、偏振等。这部分实验紧密联系"物理光学"这门专业课程来开设,所选实验均为常见的例子,反映了物理光学的理论。通过这些实验的训练,将加深学生对光的干涉、衍射、偏振理论的理解及其应用,积累一定的实验技能,打下较好的实验基础。

实验 1　等厚干涉及应用

等厚干涉是用分振幅法获得相干光产生干涉的一种典型薄膜干涉。平常看到的油膜或肥皂液膜在白光照射下产生的彩色花纹就是等厚干涉的结果。利用等厚干涉可以检验精密加工工件表面的质量。本实验利用两种常用的等厚干涉装置,即牛顿环和劈尖,观察等厚干涉现象并测量透镜曲率半径和薄纸厚度。

一、实验目的

(1)观察光波的两种等厚干涉现象——牛顿环干涉和劈尖干涉。
(2)通过实验加深对等厚干涉原理的理解。
(3)学习使用读数显微镜。
(4)测量凸透镜曲率半径和薄纸厚度。

二、实验仪器

本实验所用的两种等厚干涉的观测仪器如图 1-1 所示。

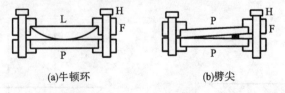

(a)牛顿环　　　　　　　　(b)劈尖

图 1-1　牛顿环与劈尖装置

牛顿环的直径 D、劈尖总长 L、N_0 条干涉条纹的长度 L_0,都是用读数显微镜测量的。读数显微镜的主要部分是显微镜和螺旋测微计。调焦手轮用于调节显微镜的高低,使图像清晰;横移手轮可以使显微镜左右平移,其位置可由标尺和横移手轮上的刻度读出(原理与螺旋测微器的相同,横移手轮的螺距为 1 mm,轮上有 100 个等分刻度,精度是 0.01 mm)。光源为钠光灯,透明反射镜是一块普通的平板玻璃,对入射光线有半透半反的作用。借助它的反射把单色光铅直地入射到平凸透镜上(或入射到劈尖上),如图1-2所示,形成的干涉条纹可用读数显微镜透过透明反射镜观测。

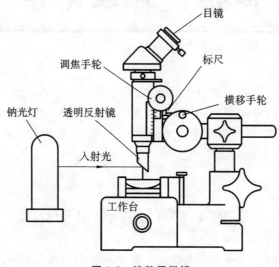

图 1-2　读数显微镜

三、实验原理

1. 牛顿环干涉

如图1-3所示,把一个曲率很小的平凸透镜的曲面ABC放置在光滑的平面玻璃DBE上,两者之间除了接触点B,将构成一层缓慢变厚的空气隙。若以单色光自正上方垂直入射在凸透镜上,则由空气隙上界面ABC和下界面DBE所反射的两束光线将在ABC曲面处产生干涉(见图1-4)。由于空气隙厚度相等的地方是以B点为圆心,以r为半径的圆环,所以,整个等厚干涉条纹是一组以B点为中心的明暗相间的同心环,这种干涉图像称为牛顿环,如图1-5所示。

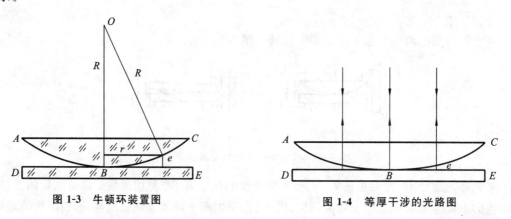

图 1-3　牛顿环装置图　　　　　　　　**图 1-4　等厚干涉的光路图**

设入射的单色光的波长为λ,距离接触点B为r处的空气隙厚度为e,则光束在r处上下两界面所反射的光程差为

$$\delta = 2ne + \frac{\lambda}{2} \tag{1-1}$$

式中：n 为介质的折射率（如为空气，$n = 1$）；$\lambda/2$ 为光束从光疏介质到光密介质表面反射时存在的半波损失造成的附加光程差。因为干涉环半径 $r \ll R$，所以在空气隙中的往返光束可以认为是垂直 DBE 平面的。可以从图 1-3 的几何关系求得

$$R^2 = r^2 + (R - e)^2 = r^2 + R^2 + e^2 - 2eR \tag{1-2}$$

即

$$r^2 = 2eR - e^2 \tag{1-3}$$

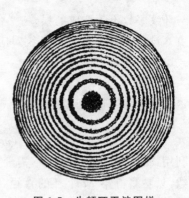

图 1-5　牛顿环干涉图样

当 $R \gg e$ 时，$e^2 \ll 2eR$，可将 e^2 略去，有

$$e = \frac{r^2}{2R} \tag{1-4}$$

把式(1-4)代入式(1-1)，可得($n=1$)

$$\delta = 2e + \frac{\lambda}{2} = \frac{r^2}{R} + \frac{\lambda}{2} \tag{1-5}$$

按照光的干涉条件，明条纹对应的光程差为

$$\delta = \frac{r^2}{R} + \frac{\lambda}{2} = K\lambda \quad (\text{明条纹}) \tag{1-6}$$

暗条纹对应的光程差为

$$\delta = \frac{r^2}{R} + \frac{\lambda}{2} = (2K + 1)\frac{\lambda}{2} \quad (\text{暗条纹}) \tag{1-7}$$

所以，暗环的半径可写为（实验室中通常用暗环）

$$r_K = \sqrt{KR\lambda} \quad (K = 0,1,2,\cdots) \tag{1-8}$$

可见，r 是与 K 的平方根成正比的，当干涉条纹基数增大时，r 增加得缓慢，所以，随着 r 增加，干涉条纹（圆环）愈来愈密，如图 1-5 所示。由式(1-8)可得到干涉环直径公式为

$$D_K^2 = 4KR\lambda \quad (K = 0,1,2,\cdots) \tag{1-9}$$

根据式(1-9)可知，如果测出 K 级暗环的直径 D_K，并且已知入射的波长 λ，就可求得凸透镜的曲率半径

$$R = \frac{D_K^2}{4K\lambda} \tag{1-10}$$

反之，如果 R 是已知的，测量了 K 级牛顿环的直径 D_K，就可以得出入射光的波长 λ。

利用此测量关系式只对理想点接触的情况不产生测量误差，在实际应用时往往误差很大，原因在于凸面和平面不可能是理想的点接触，接触压力会引起局部形变，使接触处成为一个圆形平面，干涉环中心为一暗斑。另外，若空气间隙层中有了尘埃，附加了光程差，干涉环中心还可能为一亮斑。因此造成干涉级数与环纹序数不一致。打个比方，在接触面为一圆面时出现第 1 级暗纹的位置，可能对应于在理想点接触时出现第 5 级暗纹的位置。在这种情况下，在理想点接触时干涉级数将比按面接触测得的环纹序数多出 4。在用式(1-10)进行计算时，K 应取环纹序数加上 4。但实际上我们并不知道干涉级数与环纹序数之间的差值具体是多少，只知道对一个确定的牛顿环装置，两者相差一个常数。采用下面的处理可以避免由于干涉级数

与环纹序数不等造成的误差。

设干涉级数为 m 的条纹对应环纹序数为 M，干涉级数为 s 的条纹对应环纹序数为 S，根据式(1-10)得

$$D_m^2 - D_s^2 = 4(m-s)R\lambda \qquad (1\text{-}11)$$

透镜的曲率半径的计算式可写成

$$R = \frac{D_m^2 - D_s^2}{4(m-s)\lambda} \qquad (1\text{-}12)$$

利用式(1-12)进行测量，不需要知道与各个环对应的干涉级数，只要测得第 M 个环的直径(对应 D_m)和第 S 个环的直径(对应 D_s)，虽然干涉级数与环纹序数并不对应，而且无法知道 m 和 s 的值，但由于 $m-s=M-S$，只要知道环纹序数的差 $M-S$，即可求出正确的 R。

测量时，若测得的不是暗环的直径而是弦长，则并不会造成测量误差，如图 1-6 所示。

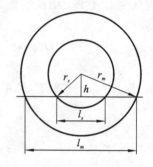

图 1-6　牛顿环弦长计算示意图

证明如下：

$$D_m^2 - D_s^2 = 4(r_m^2 - r_s^2) = 4\left[\left(\frac{l_m^2}{4} + h^2\right) - \left(\frac{l_s^2}{4} + h^2\right)\right] = l_m^2 - l_s^2 \qquad (1\text{-}13)$$

2. 劈尖干涉

劈尖干涉的原理图如图 1-7 所示，两块平面玻璃一端接触，另一端被厚度为 d 的薄片垫起(也可以是直径为 d 的金属丝等)，于是两平面玻璃之间就形成一个空气劈尖。当平行单色光垂直入射到玻璃板上，自空气劈尖上界面反射的光与下界面反射的光之间存在着光程差，当夹角 θ 很小($10^{-5} \sim 10^{-4}$ rad)时，两条反射光在劈尖的上方相遇，就会产生干涉，劈尖厚度相等之处，形成同级的干涉条纹。从接触端起始，劈尖的厚度沿着长度方向正比增大，所以，呈现了一种等间隔的明暗相间的平行直条纹。

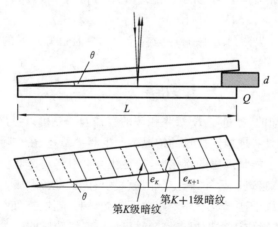

图 1-7　劈尖干涉原理图

假定第 K 级干涉条纹所在处的劈尖厚度为 e_K，劈尖干涉条件为

$$\delta = 2ne_K + \frac{\lambda}{2} = \begin{cases} K\lambda, & K = 1,2,\cdots \\ (2K+1)\dfrac{\lambda}{2}, & K = 1,2,\cdots \end{cases} \tag{1-14}$$

对于空气劈尖,折射率 $n=1$,所以,K 级暗纹相对的空气厚度为

$$e_K = \frac{K}{2}\lambda \quad (K = 0,1,2,\cdots) \tag{1-15}$$

实验中,为了测量薄片厚度或金属丝的直径 d,根据式(1-15),只要数出垫起物所在处的干涉级 N,就可求得 $d = e_N$,但在几厘米长的劈尖上,干涉条纹的数量很大,不易全部数出。所以,可以先测量少量干涉条纹 N_0(10 条或 20 条)的总宽度 L_0,求得单位长度上的条纹数 $n_0 = N_0/L_0$,再测出劈尖总长度 L,则可推算劈尖总干涉条纹数:

$$N = n_0 L = \frac{N_0}{L_0}L \tag{1-16}$$

由式(1-15)和式(1-16),薄片的厚度为

$$d = e_N = \frac{\lambda}{2} \cdot \frac{N_0}{L_0}L \tag{1-17}$$

四、实验内容

1. 牛顿环测平凸透镜曲率半径

(1)在自然光下用肉眼观察牛顿环仪,可以看到干涉条纹,如果干涉条纹的中心光斑不在金属框的几何中心,可通过调节位于金属边框上的三个螺钉,使其大致位于边框中心。螺钉适当旋紧即可,切不可过紧,以免损坏牛顿环仪,也不可太松,太松时在测量过程中如果装置晃动,会使中心光斑发生移动,无法进行准确测量。

(2)将调节好的牛顿环仪放在显微镜载物台上。将显微镜镜筒大致移动到标尺的中间部位,将牛顿环仪的中心暗斑放于物镜下方。

(3)点燃钠光灯,调节升降支架,使其大致与半透半反镜等高。将显微镜底座窗口内的反射镜背向光源,仅仅利用半透半反镜的反射光对牛顿环仪进行照亮。在显微镜下边观察边调节半透半反镜,使显微镜的视野明亮并照度均匀。其调节要点是:①调节倾斜角度约为 45°,使目镜视场中观察到的光线亮度最大。②左右不均,应旋转半透半反镜;上下不均,应调节钠光灯升降支架,改变光线在反光镜上的入射点,使反射光垂直照射到牛顿环仪上。显微镜的调节分为目镜聚焦和物镜聚焦。调节目镜,使目镜视场中能够清晰地看到十字叉丝,松开目镜锁紧螺钉转动目镜,使十字叉丝中的一条叉丝与标尺平行,另一条叉丝用来测定位置。因反射光干涉条纹产生在空气薄膜的上表面,显微镜应对上表面调焦才能找到清晰的干涉图像。调节调焦手轮,先让套在物镜上的半透半反镜靠近但不要接触牛顿环仪,然后缓缓升起镜筒,直至看到清晰的干涉条纹并不出现视差为止。

(4)调节牛顿环的位置,使环中心落在显微镜视野的中央。平移读数显微镜,观察待测的各环左右是否都在读数显微镜的读数范围之内。

(5)测量暗条纹的直径 D_K:如图 1-8 所示,首先选定两个暗条纹的环纹序数 M、S 值(如取 $M=25$,$S=15$),调节横移手轮,使显微镜左移,并同时数暗条纹的环纹序数(中心暗斑序数为 0)。直到 $K=27$ 环,然后反转横移手轮,使得显微镜的纵向叉丝与 $K=25$ 环相切,记下此时

标尺上的位置读数 $x_{M左}$。然后,保持横移手轮的转向,同时倒着数数,使纵向叉丝与 $K=15$ 环相切,记下此时的读数 $x_{S左}$。继续保持横移手轮的转向,使显微镜越过牛顿环中心右移,当越过中心后,同时数暗条纹级数 K,纪录右边第 S 环和 M 环位置的读数 $x_{S右}$、$x_{M右}$,则 M 环与 S 环的直径分别为

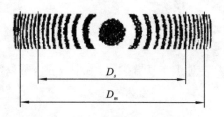

图 1-8　牛顿环直径测量

$$D_m = x_{M右} - x_{M左}, \quad D_s = x_{S右} - x_{S左}$$

为减小环形不规整带来的误差,将牛顿环仪旋转若干角度,重复测量六次。将数据填入数据记录表 1-1 中。

2. 劈尖干涉测量薄纸的厚度 d

(1)用劈尖装置(见图 1-1(b),装置已固定,不要调)取代牛顿环装置放入显微镜下。

(2)调整劈尖装置的方向,使干涉条纹与目镜中的纵叉丝平行。左右移动显微镜观察,看干涉条纹、纸条边沿、两玻璃片的接触端(此处应可看见破玻璃碴口)三者是否大体上相互平行,若斜交较严重,可能是纸条厚度不均匀,则应重新安装劈尖装置。

(3)仿照牛顿环的测量,读出两玻璃片的接触端和纸条边沿的位置 $x_触$、$x_纸$,则劈尖长度 $L = |x_纸 - x_触|$,重复测量六次(应克服回程差)。

(4)任选起始条纹,测量 21 根暗条纹($N_0 = 20$)的起始位置和终止位置 x_0、x_{20},首尾之间的距离 $L_0 = |x_0 - x_{20}|$(注意:起始条纹数为 0),重复测量六次(应克服回程差)。将实验数据填入数据记录表 1-2 中。

五、数据记录与计算

入射光波长 $\lambda = (5.893 \pm 0.01) \times 10^{-7}$ m。

1. 牛顿环测平凸透镜曲率半径 R

取 $M=25$,$S=15$,将六次测量的结果记入表 1-1 中。计算六次测量的 D_m、D_s 值,取其平均值。根据式(1-12)计算曲率半径 R。

2. 劈尖干涉测量 d

取 N_0 等于 20,将六次测量的结果记入表 1-2 中。计算六次测量的 L_0、L 值,取平均值,根据式(1-17)计算纸条厚度 d。

表 1-1　牛顿环测曲率半径

次数	1	2	3	4	5	6
$x_{M左}$ /mm						
$x_{S左}$ /mm						
$x_{S右}$ /mm						
$x_{M右}$ /mm						
$D_m = x_{M右} - x_{M左}$						
$D_s = x_{S右} - x_{S左}$						

表 1-2　劈尖干涉测量薄纸的厚度

次数	1	2	3	4	5	6
x_0/mm						
x_i/mm						
$x_{触}/\text{mm}$						
$x_{纸}/\text{mm}$						
$L_0 = x_i - x_0$						
$L = x_{纸} - x_{触}$						

六、注意事项

1. 对准误差的克服

牛顿环条纹以及劈尖干涉产生的平行条纹均有一定的宽度，理想测量时，应将叉丝对准条纹最暗处即条纹中心，但由于很难判断中心位置从而造成对准误差。测量时，采用如图 1-9 所示的方法可以减小对准误差。另外，取较大的环序数来测量可以减小对准误差。

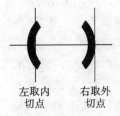

左取内　　右取外
切点　　　切点

图 1-9　对准误差的克服

2. 视差的克服

视差的成因是由于物像平面与叉丝平面不共面，如图 1-10(b)所示。当眼睛移动时，显微镜视野中看到的牛顿环的像相对于叉丝发生了移动。为了准确测量，必须保证在一组数据的测量过程中眼睛不晃动，但这是难以做到的。所以必须消除视差，使物像平面与叉丝平面共面，如图 1-10(a)所示。方法是仔细调节调焦手轮。

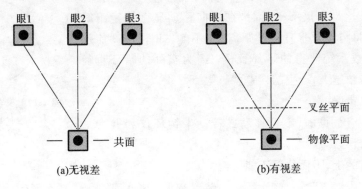

(a)无视差　　　　　　　　　　(b)有视差

图 1-10　视差克服示意图

3. 回差的克服

回差是由于螺母齿轮和螺杆齿轮之间的间隙造成的，如图 1-11 所示。当想改变显微镜镜组的移动方向时，需要反向旋转横移手轮，带动螺杆反方向移动，但由于螺母和螺杆之间的间隙，刚开始时，螺母并不移动，即螺尺上读数准线对准的刻度值在改变，但显微镜镜组以及叉丝的位置并没有改变。为了克服回差，必须保证在测量同一组 $x_{M左}$、$x_{S左}$、$x_{S右}$、$x_{M右}$ 的过程中，每读一个数之前,横移手轮保持同一转向。

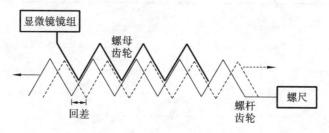

图 1-11　回差成因示意图

4. 显微镜手轮刻度与标尺刻度不匹配

正常情况下,显微镜的横移手轮螺尺上的读数准线对准 0 时,标尺上的读数对准线应对准某一刻度。但由于很多显微镜的度数系统未校准,存在显微镜手轮刻度与标尺刻度不匹配的系统误差。当此系统误差较小时,不影响最后的计算,因为只需要求出 $x_{K右}$ 和 $x_{K左}$ 的差值,二者相减将消除系统误差。但当系统误差接近 0.5 mm 时,会影响度数,容易出现读数错误。例如,标尺上的读数对准线对准某一刻度时,横移手轮螺尺上的读数对准线对准 48。在一次读数时,标尺上的读数对准线非常靠近 20,螺尺上的读数对准线对准 51,读数应读 19.51 还是 20.51 呢? 在这种情况下,解决方法是,每次读数时,确保读得的值比根据标尺上的读数对准线看到的值要大一些。那么对于例中的情况,应读 20.51,因为 20.51 比标尺上的读数对准线对准的 20 要大。还是这一个读数系统,标尺上的读数对准线非常接近 20.7,螺尺上的读数对准线对准 28,这时读数应读 21.28 而不是 20.28。因为 21.28 比标尺上的读数对准线对准的20.7 要大。

5. 避免叉丝垂直移动距离与显微镜镜组横向移动距离不等

测量前应使十字叉丝中的横叉丝与标尺平行,纵叉丝用来测定位置。当横叉丝与标尺不平行时,在横向移动显微镜镜组时,其移动距离 Δl 将与叉丝垂直移动距离 $\Delta l'$ 不等,如图 1-12 所示。而 Δl 为利用读数系统测得的暗环直径,$\Delta l'$ 为实际的暗环直径。横叉丝与标尺夹角越大,产生的误差就越大。

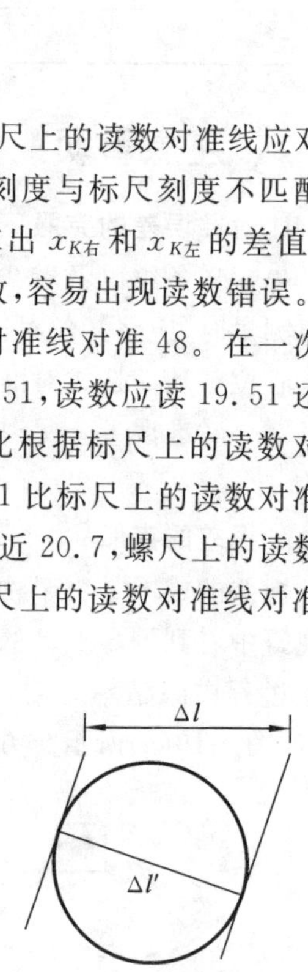

图 1-12　叉丝垂直移动距离与显微镜移动距离

6. 避免读数错误

在测量同一组数据时,不可移动或转动牛顿环仪和劈尖,否则会造成读数错误。

7. 劈尖装置的上、下面位置不能颠倒

在进行劈尖干涉实验中,应注意劈尖装置有上、下面,不能上、下面颠倒放置,否则会由于边框挡住入射光造成劈尖总长 L 的测量错误。另外,应正确定位纸边和两玻璃片的接触端的位置。在显微镜目镜里看清楚纸边和两玻璃片的接触端时的物镜焦距与看清楚干涉条纹时略有不同,应重新调焦。当难以确定这两个边沿位置时,可用小纸条挫成细卷,放到这两个边沿位置,然后在目镜中寻找细纸卷,借助细纸卷来进行定位。

七、思考题

(1)牛顿环测曲率半径实验,在读数显微镜的调节中,目镜中的纵向叉丝应处在什么状态?

(2)为什么不考虑入射光在平凸透镜上表面反射光和下表面反射光之间的干涉?

(3)在读数显微镜的目镜中,看到的是左边明亮、右边很暗,是什么原因造成的? 如何调整?

(4)如何用牛顿环仪来测透明液体的折射率?

实验 2　迈克尔逊干涉实验

迈克尔逊干涉仪是由迈克尔逊和莫雷设计制造出来的一个经典精密光学仪器,在近代物理和近代计量技术中都有着重要的应用。通过迈克尔逊干涉的实验,可以熟悉迈克尔逊干涉仪的结构并掌握其调整方法,认识电光源非定域干涉条纹的形成与特点,并利用干涉条纹的变化测定光源的波长和空气的折射率。

一、实验目的

(1)了解迈克尔逊干涉仪的结构、原理和调节方法。

(2)利用迈克尔逊干涉仪测量 He-Ne 激光器的波长。

(3)了解空气折射率与压强的关系,并测量标准气压下空气的折射率。

二、实验仪器

迈克尔逊干涉仪;He-Ne 激光器;升降台;扩束镜;压力测定仪;空气室($L=95$ mm);气囊(1 个);橡胶管(导气管 2 根)。

三、实验原理

1. 迈克尔逊干涉仪的光路

图 2-1 为迈克尔逊干涉仪实物图。迈克尔逊干涉仪的光路图如图 2-2 所示。M_1、M_2 是一对精密磨光的平面反射镜,M_1 的位置是固定的,M_2 可沿导轨前后移动。G_1、G_2 是厚度和折射率都完全相同的一对平行玻璃板,与 M_1、M_2 均成 45°。G_1 的一个表面镀有半反射、半透射膜,使射到其上的光线分为光强度差不多相等的反射光和透射光,故 G_1 称为分光板。

从光源 S 发出的一束光在分光板 G_1 上,将光束分为两部分:一部分从 G_1 半反射膜处反射,射向平面镜 M_2;另一部分从 G_1 透射,射向平面镜 M_1。因 G_1 和全反射平面镜 M_1、M_2 均成 45°,所以两束光均垂直射到 M_1、M_2 上。从 M_2 反射回来的光,透过半反射膜;从 M_1 反射回来的光,为半反射膜反射。二者汇集成一束光,在 E 处即可观察到干涉条纹。光路中另一平行平板 G_2 与 G_1 平行,其材料厚度与 G_1 的完全相同,以补偿两束光的光程差,称为补偿板。在光路中,M_1' 是 M_1 被 G_1 半反射膜反射所形成的虚像,两束相干光相当于从 M_1' 和 M_2 反射而来,迈

图 2-1　迈克尔逊干涉仪实物图

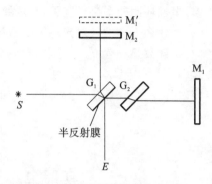

图 2-2　迈克尔逊干涉仪光路图

克尔逊干涉仪产生的干涉条纹如同 M_2 和 M_1' 之间的空气膜所产生的干涉条纹一样。

2. 单色光波长的测定

本实验用 He-Ne 激光器作为光源,如图 2-3 所示,激光通过短焦距透镜 L 汇聚成一个强度很高的点光源 S,射向迈克尔逊干涉仪,点光源经平面镜 M_1'、M_2 反射后,相当于由两个点光源 S_1' 和 S_2' 发出的相干光束。S' 是 S 的等效光源,是经半反射面 A 所成的虚像。S_1' 是 S' 经 M_1' 所成的虚像。S_2' 是 S' 经 M_2 所成的虚像。由图 2-3 可知,只要观察屏放在两点光源发出光波的重叠区域内,都能看到干涉现象,故这种干涉称为非定域干涉。

如果 M_2 与 M_1' 严格平行,且把观察屏放在垂直于 S_1' 和 S_2' 的连线上,就能看到一组明暗相间的同心圆干涉环,其圆心位于 $S_1' S_2'$ 轴线与屏的交点 P_0 处,从图 2-4 可以看出 P_0 处的光程差 $\Delta L = 2d$,屏上其他任意点 P' 或 P'' 的光程差近似为

$$\Delta L = 2d\cos\varphi \tag{2-1}$$

式中:φ 为 S_2' 射到 P'' 点的光线与 M_2 法线之间的夹角。所以亮纹条件为

$$2d\cos\varphi = K\lambda (K = 0,1,2,\cdots) \tag{2-2}$$

由式(2-2)可知,当 K、φ 一定时,如果 d 逐渐减小,则 $\cos\varphi$ 将增大,即 φ 角逐渐减小。也就是说,同一 K 级条纹,当 d 减小时,该圆环半径减小,看到的现象是干涉圆环内缩;如果 d 逐渐增大,同理看到的现象是干涉条纹外扩。对于中央条纹,若内缩或外扩 N 次,则光程差变化为 $2\Delta d = N\lambda$。式中,Δd 为 d 的变化量,所以有

$$\lambda = 2\Delta d / N \tag{2-3}$$

通过此式,则能用变化的条纹数目求出光源的波长。

3. 空气折射率的测定

若在迈克尔逊干涉仪 L_2 臂上加一个长为 L 的气室,如图 2-5、图 2-6 所示,则两束光到达 O 点形成的光程差为

$$\delta = 2(L_2 - L_1) + 2(n-1)L \tag{2-4}$$

保持空间距离 L_2、L_1、L 不变,折射率 n 变化时,δ 随之变化,即条纹级别也随之变化(根据光的干涉明暗条纹形成条件,当光程差 $\delta = K\lambda$ 时为明纹)。以明纹为例,有

$$\delta_1 = 2(L_2 - L_1) + 2(n_1 - 1)L = K_1\lambda \tag{2-5}$$

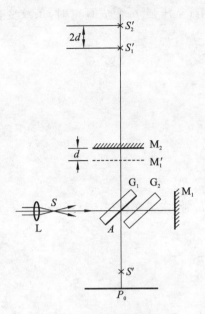

图 2-3　点光源干涉光路图

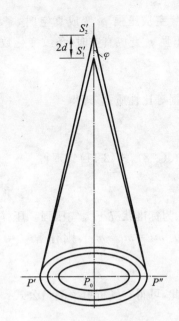

图 2-4　点光源非定域干涉

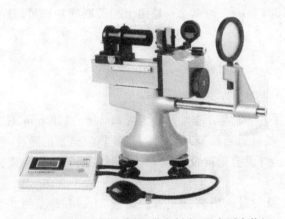

图 2-5　迈克尔逊干涉仪(带空气室、压力测定仪)

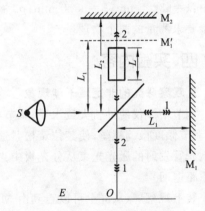

图 2-6　加入气室的光路图

$$\delta_2 = 2(L_2 - L_1) + 2(n_2 - 1)L = K_2\lambda \qquad (2\text{-}6)$$

令 $\Delta n = n_2 - n_1$, $m = (K_2 - K_1)$, 将上两式相减得折射率变化与条纹数目变化关系式:

$$2\Delta nL = m\lambda \qquad (2\text{-}7)$$

当气室内压强由大气压 p_b 变到 0 时, 折射率由 n 变化到 1, 屏上某点(观察屏的中心 O 点)条纹变化数为 m_b, 即

$$n - 1 = m_b\lambda/(2L) \qquad (2\text{-}8)$$

通常在温度处于 15～30 ℃时, 空气折射率可用下式求得

$$(n-1)_{t,p} = \frac{2.8793 \times p}{1 + 0.003671 \times t} \times 10^{-9} \qquad (2\text{-}9)$$

式中: t 为温度, ℃; p 为压强, Pa。在室温下, 温度变化不大时, $n-1$ 可以看成是压强的线性函数。

设气室从压强 p_b 变成真空时，条纹变化数为 m_b；从压强 p_1 变成真空时，条纹变化数为 m_1；从压强 p_2 变成真空时，条纹变化数为 m_2，则有

$$\frac{p_b}{m_b} = \frac{p_1}{m_1} = \frac{p_2}{m_2} \tag{2-10}$$

根据等比性质，整理得

$$m_b = \frac{m_1 - m_2}{p_1 - p_2} p_b \tag{2-11}$$

将式(2-8)、式(2-11)整理得

$$n - 1 = \frac{\lambda}{2L} \frac{m_1 - m_2}{p_1 - p_2} p_b \tag{2-12}$$

式中：p_b 为标准状况下大气压强。压强从 p_2 变化到 p_1 时，压强变化记为 $\Delta p (= p_1 - p_2)$，条纹变化记为 $m (= m_1 - m_2)$，则有

$$n - 1 = \frac{\lambda}{2L} \frac{m}{\Delta p} p_b \tag{2-13}$$

因此，可得空气折射率测量公式：

$$n = 1 + \frac{\lambda}{2L} \frac{m}{\Delta p} p_b \tag{2-14}$$

式中：$\lambda = 632.8$ nm；$L = 95.0$ mm；$p_b = 1.01325 \times 10^5$ Pa；m、Δp 是两个相关联的物理量，是本实验要求测量的两个物理量。

四、实验内容

1. 观察激光的非定域干涉现象

调节干涉仪使导轨大致水平；调节粗调手轮，使活动镜大致移至导轨 110～120 mm 刻度处；调节倾度微调螺丝，使其拉簧松紧适中。然后适当调节升降台的高度和激光器的角度，使得激光管发射的激光光束从分光板中央穿过，并垂直射向反射镜 M_1（此时应能看到有一束光沿原路退回）。

装上观察屏，从屏上可以看到由 M_1、M_2 反射过来的两排光点。调节 M_1、M_2 背面的 3 个螺丝，使两排光点靠近，并使两个最亮的光点重合。这时 M_1 与 M_2 大致垂直（M_1' 与 M_2 大致平行）。然后在激光管与分光板间加上扩束镜，同时调节 M_1 附近的倾度微调螺丝，即能从屏上看到一组弧形干涉条纹，再仔细调节倾度微调螺丝，当 M_1' 与 M_2 严格平行时，弧形条纹变成圆形条纹。

转动微调手轮，使 M_2 前后移动，可看到干涉条纹的冒出或缩进。仔细观察，当 M_2 位置改变时，干涉条纹的粗细、疏密与 d 的关系。

2. 测量激光波长

(1)测量前，先按以下方法校准手轮刻度的零位：先以逆时针方向转动微调手轮，使读数对准线对准零刻度线；再以逆时针方向转动粗调手轮，使读数对准线对准某条刻度线。

当然也可以都以顺时针方向转动手轮来校准零位。但应注意：测量过程中的手轮转向应与校准过程中的转向一致。

(2)按原方向转动微调手轮（改变 d 值）数圈以消除 M_2 空程，直至可以看到一个一个干涉

环从环心冒出（或缩进）。当干涉环中心最亮时，记下活动镜 M_2 位置读数 d_0，然后继续缓慢转动微调手轮，当冒出（或缩进）的条纹数 $N=50$ 时，再记下活动镜 M_2 位置读数 d_1，如此连续测量 8 次，分别记下 $d_2,d_3,\cdots,d_7$，采用由逐差法求出 M_2 对应 50 个条纹移动的距离 Δd，代入式 (2-3) 算出波长，并与标准值（$\lambda_0=632.8$ nm）比较，计算其百分误差。

3. 空气折射率的测定

（1）将空气室放在迈克尔逊干涉仪导轨上，观察干涉条纹，观察到条纹即可进行下面测量。

（2）接通压力测定仪的电源，旋转调零旋钮，使液晶屏上显示".000"。

（3）关闭气囊上阀门，向气室充气，使气压值大于 0.090 MPa，读出压力仪表数值，记为 p_2；打开气囊阀门，慢慢放气，使条纹慢慢变化，当改变 m 条时（实验要求 $m>60$），读出压力仪表数值，记为 p_1。

（4）重复第（3）步，共取 6 组数据。

五、数据记录与处理

将测得的激光波长数据填入表 2-1 中。

表 2-1 测量激光波长

实验次数	d_0	d_1	d_2	d_3
M_2 镜位置/mm				
实验次数	d_4	d_5	d_6	d_7
M_2 镜位置/mm				
逐差法/mm				
50 个条纹移动的 Δd/mm				

将测定的空气折射率数据填入表 2-2 中。

表 2-2 空气折射率的测定

室温 $t=$ _____ ℃；大气压强 $p_b=101325$ Pa；$L=0.095$ m；$\lambda=632.8$ nm；$m=$ _____

实验次数	1	2	3	4	5	6
p_1/MPa						
p_2/MPa						
$\Delta p=(p_2-p_1)$/MPa						
$\overline{\Delta p}$/MPa						

六、注意事项

干涉仪是精密光学仪器，使用时一定要爱护，要认真做到：

（1）切勿用手触摸光学表面，防止唾液溅到光学表面上。

（2）调整反射镜背后粗调螺钉时，先要把微调螺钉调在中间位置，以便能在两个方向上作微调。

（3）测量中，转动手轮只能缓慢地沿一个方向前进（或后退），否则会引起较大的空程误差。

（4）不要对着仪器说话、咳嗽等，不要来回走动，测量时动作要轻缓，尽量不要触碰实验台面，以免引起震动，造成干涉条纹不清楚。

七、思考题

（1）调节迈克尔逊干涉仪时看到的亮点为什么是两排而不是两个？两排亮点是怎样形成的？

（2）为什么在观察激光非定域干涉时，通常看到的是弧形条纹？怎样才能看到圆形条纹？

实验3　双棱镜干涉测量光波波长

采用分波阵面的方法，可以获得相干光源。虽然在激光出现之后，设法获得相干光源的工作已不如早期那样的重要，但双棱镜干涉在实验构思及装置调整上对学生科学素养和动手能力的培养起到很大的促进作用，因此双棱镜干涉测量光波波长仍然是基础光学实验中普遍开设的实验。

一、实验目的

（1）观察光的干涉现象，并掌握干涉测量光波波长的方法。

（2）掌握光具组的光路同轴等高调节方法，熟练掌握测量目镜的使用方法。

二、实验仪器

图3-1是双棱镜干涉实验仪器装置图，包括光具座、钠光灯、聚光透镜、狭缝、双棱镜、测微目镜以及成像透镜。图中除光源外，所有光学元件都在光具座上。单色光束（钠光）经聚光镜照亮狭缝后，狭缝便成了双棱镜的光源 S，干涉条纹的间隔 Δx 由测微目镜测定。虚光源到屏 E 的距离 D 可以用光具座上的标尺来测量。

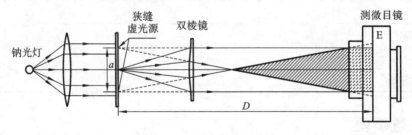

图3-1　实验装置及光路图

双棱镜是一个分割波前的分束器，形状如图3-2所示，其端面与棱脊垂直，楔角很小（一般小于1°）。

测微目镜的基本结构剖视图如图3-3所示。目镜镜头通过调焦螺纹固定在目镜外壳中部。外壳内有一块刻有十字丝的透明叉丝板，外壳右侧装有测距螺旋（即千分尺）系统，转动测距手轮,其螺杆将带动叉丝板移动。叉丝板的移动量可通过手轮上的千分尺测出。如果用测微目镜测两点之间的距离,应转动手轮,使叉丝交点从其中一点的外侧移至与第一个点相重合,记下千分尺上的读数,再按相同的移动方向将叉丝交点移至与第二个点重合,再记下千分尺上的读数,这两个读数之差的绝对值就是所测两点的距离。

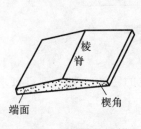

图 3-2 双棱镜的形状

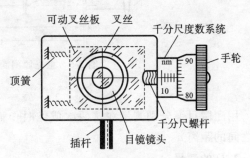

图 3-3 测微目镜正面剖视图

三、实验原理

双棱镜干涉的原理如图 3-4 所示,狭缝光源 S 发射的光束,经双棱镜折射后变为两束相干光,在它们的重叠区内,将产生明、暗相间的干涉条纹,这两束相干光可认为是由实际光源 S 的两个虚像 S_1、S_2 发出的,称 S_1、S_2 为虚光源(均为条状)。

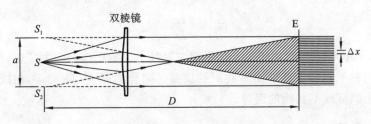

图 3-4 双棱镜干涉示意图

设虚光源 S_1、S_2 相距为 a,S_1、S_2 到观测屏幕 E 的距离为 D,根据光波干涉理论,在屏幕 E 上相邻干涉亮条纹(或暗条纹)的间隔 Δx 与波长 λ 及 a、D 之间的关系式为

$$\lambda = a\Delta x/D \tag{3-1}$$

如果测出 D、a、Δx 三个量值,就可以确定光波波长。

1. a 的测量

a 的测量需借助透镜将两条虚光源成像在测微目镜叉丝板上进行。测量光路如图 3-5 所示。

当虚光源平面(物平面)与测微目镜的叉丝板(像平面)相距大于 4 倍透镜焦距值时,透镜在物、像平面之间有两个共轭成像点 A 和 A',透镜在这两点分别将虚光源成放大实像(见光路图中实线)和缩小实像(见光路图中虚线)。虚光源所成的实像为两条亮线。假设成放大像时,两条亮线之间的距离为 a_1,成缩小像时,两条亮线之间的距离为 a_2。若透镜在 A 点成像时物距为 u_1,像距为 v_1;透镜在 A' 点成像时物距为 u_2,像距为 v_2,则由共轭成像关系 $u_1 = v_2$,$u_2 = v_1$,以及几何关系 $a/a_1 = u_1/v_1$,$a/a_2 = u_2/v_2$,有

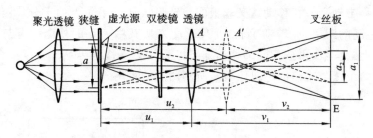

图 3-5　虚光源间距 a 的测量光路示意图

$$a = \sqrt{a_1 a_2} \tag{3-2}$$

用测微目镜分别测量在这两次成像时像面上的两条亮线的距离 a_1、a_2，则可以求得虚光源之间的距离 a。

2. D 的测量

D 的最简单测量法是以狭缝平面代替虚光源平面，用狭缝平面与叉丝板的距离代替 D。这种近似方法存在狭缝与虚光源并不共面的系统误差，另外，叉丝板平面在测微目镜内部，该平面与目镜底座上的标线不共面，同样狭缝与其底座上的标线也不共面。为此做如下改进：先将测微目镜置于距狭缝平面 D_1 处测量干涉条纹的间隔 Δx_1，然后将测微目镜置于距狭缝平面 D_2 处测量干涉条纹的间隔 Δx_2，测微目镜的移动量 $D_2 - D_1$ 可在光具座上精确测量。改进后的光波波长的测量公式为

$$\lambda = \frac{\Delta x_2 - \Delta x_1}{D_2 - D_1} \sqrt{a_1 a_2} \tag{3-3}$$

利用式(3-3)进行测量时，由于虚光源平面与狭缝平面的距离为一固定值，D_2 和 D_1 相减后将完全消除虚光源平面与狭缝平面不共面的误差。同样的道理，D_2 和 D_1 相减后也将完全消除光具与底座上的标线不共面的误差。

四、实验内容

1. 光路的布置与调节

(1)将光源放在光具座导轨一端附近，接通电源，打开光源开关，取下导轨上的各种光具。

(2)将聚光透镜安装在靠近光源的一端，透镜的高矮应与光源窗口等高，透镜光轴应大致与光具座轴线平行。测微目镜座放在导轨的另一端，将目镜从底座上卸下，换为一块白屏插在底座上，待光源发光稳定后，仔细调节光源或聚光透镜的位置，使光源窗口射出的光经聚光透镜后对称地投射在白屏中部。

(3)将狭缝装在聚光透镜后面，将双棱镜安装在狭缝后面，并且这两个光具均安装在可横向调节的光具座上。两个光具座相距 12~16 cm。狭缝和双棱镜安装高度应与聚光透镜的高度相当，狭缝和双棱镜棱边沿竖直方向，狭缝平面和双棱镜端面垂直于导轨轴线。对狭缝和双棱镜进行左右横移调节，使狭缝和双棱镜棱边位于导轨正上方，使光束沿轴线通过狭缝和双棱镜的棱边。检测办法是分别将白屏紧贴狭缝和双棱镜棱边，看通光的位置对不对。一开始，可以略微将狭缝宽度调大一点(0.1~0.2 mm)，便于对准光路。

(4)取下白屏，将测微目镜装在底座上，注意使目镜轴线与光具座轴线平行，目镜高度与前

面的各光具等高。观察一下目镜内的叉丝是否清晰,若不清晰或看不见叉丝,则适当转动目镜镜头,直至可看清叉丝为止。

(5)将目镜移至距双棱镜约 20 cm 的地方,将白屏紧贴测微目镜前方,观察屏上是否在较弱的黄色背景光带中有一条竖直方向的狭窄的亮光带。若没有,则调节狭缝方向,直至出现。去掉白屏,横向调节棱镜(需要时还要调节测微目镜高度),使这个狭窄的亮光带从光瞳正中间进入测微目镜。在此状态下,将狭缝调小(至头发丝两倍左右)。观察目镜内是否有干涉条纹或者竖直方向的亮光带。若都没有,则一边用眼睛在测微目镜中观察,一边横向微移双棱镜,直至出现上面现象之一。若只能看到竖直方向的亮光带,则微调狭缝方向,直至出现条纹。若虽有条纹,但不够清晰,则可通过微调狭缝长度的方向并辅助微调减小狭缝的宽度来使之清晰。若干涉条纹分布不对称,明显偏在视场的一边,则可通过横移双棱镜来使干涉条纹分布对称。

2. 测量 $\triangle x_2$

固定各光具位置不变,将测微目镜向后移动(远离棱镜),由于光束方向和光具座轴线可能不平行,移动过程中条纹可能偏向一方或完全偏出光瞳,应边移动边观察,随着条纹的移动横向移动双棱镜,使条纹始终在测微目镜视场中心。条纹清晰度会随着后移测微目镜降低,将测微目镜后移到对条纹间距难以测量为止,此时的条纹间距为 $\triangle x_2$。松开目镜固定螺钉,调节目镜叉丝方向,使纵叉丝与条纹平行。由于明、暗条纹都具有一定的宽度,因此,为减小对准误差,均以所有暗(或明)条纹左侧边(或右侧边)作为测量的起、止点。为了减少误差,应采用组合放大测量法,即一次测量 n(取 $n=10$)个相邻条纹间隔的总长度 L,则相邻干涉条纹间隔为

$$\triangle x_2 = L/n = |K_n - K_0|/n \qquad (3-4)$$

式中:K_0 是叉丝对齐起点时测量目镜读数;K_n 为叉丝移动 n 个条纹间隔后测微目镜的读数。

重复测量五次。

3. 测量 $\triangle x_1$

保持各光具位置不变,将测微目镜向前移动(靠近棱镜)50 cm,记录该移动量 $D_2 - D_1$,按测量 $\triangle x_2$ 的方法确保条纹始终在测微目镜视场中心。用与测量 $\triangle x_2$ 相同的方法测量此时的条纹间距 $\triangle x_1$,即

$$\triangle x_1 = L/n = |K_n - K_0|/n \qquad (3-5)$$

重复测量五次。

4. 测量虚光源间距 a

保持各光具位置不变。将狭缝略微调宽一点,提高通过狭缝的光照度。根据成像透镜上标出的焦距参考值 f,将目镜底座移到距狭缝底座略大于 $4f$ 的位置,并固定。将成像透镜装在双棱镜和测微目镜之间,调节好透镜高度和各光具座等高,透镜光轴与光具座轴线平行。先将测微目镜换成白板观察,前后移动成像透镜,看白板上是否有放大像和缩小像。若无论如何移动成像透镜只能找到一个像,则是因为目镜底座距狭缝底座太近或太远,此时应改变目镜底座的位置。若放大像和缩小像都能看到,但两条亮线宽度不相等(一个宽,一个细),则可横向移动双棱镜。若像不在光具座轴上,偏向一侧,则横向移动狭缝。在此状态下将白板换成测微目镜,由于测微目镜成像在叉丝平面,而叉丝平面与底座标尺不共面,即与刚才放置的白板不共面,故为了在目镜中看到像,应前后移动成像透镜在目镜中重新找像。在确认透镜可在两个

特定位置上分别将虚光源放大和缩小成像在目镜叉丝板上后,目镜底座位置不可再改变。分别用测微目镜测量这两个成像像面上的两条亮线间的距离 a_1、a_2,为减小对准误差,均以亮线左(或右)侧边作为测量的起、止点。

$$a_i = \left| K_{i1} - K_{i0} \right| \quad (i = 1, 2) \tag{3-6}$$

式中:K_{i0} 是叉丝对齐其中一条亮线左边沿(或右边沿)时测量目镜读数;K_{i1} 为叉丝对齐另一条亮线左边沿(或右边沿)时测量目镜读数($i=1$ 对应放大像,$i=2$ 对应缩小像)。要求 a_1 和 a_2 在各自的成像状态下重复测量五次。

五、数据记录与计算

(1)测量数据,将其记录在表 3-1 中。

表 3-1 双棱镜干涉测量光波波长实验数据记录表格

次数	1	2	3	4	5
K_0/mm					
K_n/mm					
Δx_2/mm					
K_0/mm					
K_n/mm					
Δx_1/mm					
K_{10}/mm					
K_{11}/mm					
a_1/mm					
K_{20}/mm					
K_{21}/mm					
a_2/mm					

(2)根据重复测量的数据分别算出各物理量的平均值。

(3)按式(3-3)计算光波波长,并与钠黄光波长的公认值(5.893×10^{-7} m)比较,计算百分误差。

六、注意事项

(1)使用测微目镜测量 Δx 及 a_1、a_2 时,均要防止回程误差,即必须保证在测量同一组 K_0 与 K_n,以及同一组 K_{i1} 与 K_{i0} 的过程中,每读一个数之前,横移手轮保持同一转向。旋转读数鼓轮时动作要平稳、缓慢;测量装置要保持稳定。测量前还应检查测微目镜读数系统是否匹配,即读数对准线对准某一刻度时,螺尺上是否对准零。

(2)在整个测量过程中,狭缝和双棱镜的底座切不可沿光轴移动;否则会改变虚光源的位置和它们的间距 a。

(3)目镜底座距狭缝底座距离略大于 $4f$ 即可,距离太小(小于 $4f$)将无法得到两组像;而距离太大,成放大像时,成像透镜的理论位置应该位于狭缝与双棱镜之间。但虚光源不是实物是虚物,是狭缝光源经双棱镜折射形成的,成像透镜若放在狭缝与双棱镜之间,将会彻底改变形成虚光源 S_1、S_2 的光路,因而成像透镜是不能放在狭缝与双棱镜之间的。也就是说,在目镜距狭缝太远时,得不到放大像。另外,目镜与狭缝距离较大时,即使找到两组像,缩小像的两条亮线将过于接近,即 a_2 过小,增加了对准误差。而放大像的两条亮线距离又过远,不能同时进入测微目镜的光瞳,即无法用测微目镜对 a_1 进行测量。

(4)不论成像透镜在何处,以及是否在叉丝板上成像,目镜中都会看到两条亮线(有可能部分重合),一般来说,它们都不是像。透镜只有在两个特定位置时叉丝板上才会真正得到像,判断目镜中的亮线是否为像的方法是:当透镜移到某个位置处,若怀疑叉丝板上得到像,那么在此位置前后移动透镜,从目镜中看,移动前两条亮线宽度是不是最窄,边界轮廓是不是最清晰。

(5)在利用共轭成像法测量虚光源间距时,在确认透镜可在两个特定位置上分别将虚光源放大和缩小成像在目镜叉丝板上后,在测量 a_1、a_2 过程中目镜底座位置切不可改变。

七、思考题

(1)若观察到的干涉条纹模糊不清,应从哪些方面查找原因?

(2)在测量过程中,狭缝与双棱镜的间距能否改变?

(3)在测虚光源的像间距时,如果从目镜中只观察到一条亮线,则应调节哪个光学元件?

(4)在测虚光源的像间距时,为什么让狭缝到目镜叉丝板的距离略大于 $4f$,而不是远大于 $4f$？

实验 4　光栅衍射

衍射光栅简称光栅,是利用多缝衍射原理使光发生色散的一种光学元件。它实际上是一组数目极多、平行等距、紧密排列的等宽狭缝,通常分为透射光栅和平面反射光栅。透射光栅是用金刚石刻刀在平面玻璃上刻许多平行线制成的,被刻划的线是光栅中不透光的间隙。而平面反射光栅则是在磨光的硬质合金上刻许多平行线制成的。实验室中通常使用的光栅是由上述原刻光栅复制而成的。由于光栅衍射条纹狭窄细锐,分辨本领比棱镜的高,所以常用光栅作摄谱仪、单色仪等光学仪器的分光元件,用来测定谱线波长,研究光谱的结构和强度等。另外,光栅还应用于光学计量、光通信及信息处理等领域。

一、实验目的

(1)观察光栅的衍射光谱,认识光栅衍射基本规律。

(2)进一步熟悉分光计的调节和使用。

(3)掌握利用光栅衍射基本原理测定光栅常数、光波长的方法。

二、实验仪器

平面光栅;分光计;高压汞灯;平面镜。

三、实验原理

　　光栅是根据多缝衍射原理制成的一种分光元件。本实验所用的透射式平面光栅是在一块平面光学玻璃上刻制大量等宽、等间距的平行且不透光的刻痕,相邻刻痕间是透光的狭缝。如图 4-1 所示,a 为光栅刻痕宽度,b 为透光狭缝宽度,$d = a + b$ 为相邻两狭缝上相应两点之间的距离,称为光栅常数,它是光栅的基本参数之一。

　　根据夫琅和费衍射理论,当波长为 λ 的平行光垂直照射到光栅上,通过每个狭缝的光都要产生衍射,若在光栅后面放置一凸透镜,所有的衍射光通过凸透镜后将相互干涉,所以光栅的衍射条纹是单缝衍射和多缝干涉的总效果,如图 4-2 所示。

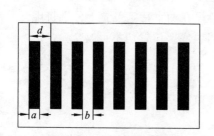

图 4-1　平面光栅结构示意图　　　　　　　**图 4-2　光栅衍射原理图**

　　对于衍射角为 φ 的衍射光波,相邻两缝对应点射出的光束的光程差为

$$\delta = d\sin\varphi = (a+b)\sin\varphi \tag{4-1}$$

当 φ 满足

$$d\sin\varphi = K\lambda \quad (K = 0, \pm 1, \pm 2, \cdots) \tag{4-2}$$

即光程差等于波长的整数倍时,该方向上的衍射光将干涉加强,出现明纹。式(4-2)称为光栅方程,其中 K 为明纹级数,$K = 0, \pm 1, \pm 2, \cdots$ 所对应的条纹分别称为中央(零级)极大,正、负第一级极大,正、负第二级极大等。当衍射角 φ 不满足光栅方程时,衍射光相互抵消或者强度很弱,几乎成为一片暗背景。

　　如果光源发出的是复色光,除零级外,不同波长的同一级谱线将对应不同的衍射角 φ。因此,在凸透镜焦平面上将出现按波长次序排列的谱线,称为光栅光谱,如图 4-3 所示。如高压汞灯的每一级光谱中有六条特征谱线:紫 404.6 nm,蓝 435.8 nm,暗绿 491.6 nm,绿 546.1 nm,黄$_1$ 577 nm 和黄$_2$ 579.1 nm。从光栅方程可知,衍射角 φ 是波长 λ 的函数,这就是光栅有色散作用的原因。衍射光栅的色散率 D 定义为

$$D = \frac{\Delta\varphi}{\Delta\lambda} \tag{4-3}$$

即同一级的两条谱线的衍射角之差 $\Delta\varphi$ 与波长差 $\Delta\lambda$ 的比值。通过对光栅方程的微分,得到 $d\cos\varphi\mathrm{d}\varphi = k\mathrm{d}\lambda$,所以色散率 D 可表示为

$$D = \frac{k}{d\cos\varphi} \tag{4-4}$$

由式(4-4)可知,光栅光谱具有以下特点:光栅常数 d 越小(即单位长度上所含光栅刻线数目越多),角色散越大;高级数的光谱比低级数的光谱有较大的角色散。

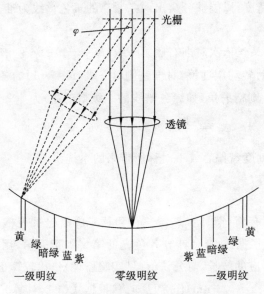

图 4-3　光栅光谱示意图

根据光栅方程式(4-2),若已知入射光的波长 λ,测出该波长对应谱线的衍射角 φ,即可求出光栅常数 d。反之,若已知光栅常数 d,测出各特征谱线所对应的衍射角 φ,可求出波长 λ。

四、实验内容

1. 分光计的调节与汞灯衍射光谱的观察

(1)分光计的调节。

按图 4-4 所示将光栅置于载物台上,光栅一端落在平台下方一个螺钉如 a 上,光栅平面与平台下方两螺钉 b、c 连线垂直,用光栅平面做反射面。通过望远镜观测并对望远镜调焦,使平行光管的竖直狭缝与望远镜竖叉丝重合,望远镜叉丝中点对准狭缝中心。固定望远镜,用小灯照亮望远镜的十字窗口,被光栅平面反射的亮十字应出现在分划板上。转动游标盘(载物台)并调节螺钉 b 或 c,使亮十字像与分划板上方的十字线重合(注意不可调节望远镜,光栅也无需移动),此时平行光管垂直于光栅平面。此后松开望远镜并固定载物台。

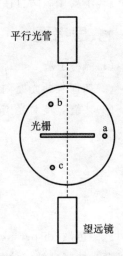

图 4-4　光栅放置示意图

为了记录方便,调节游标盘的起始位置,使两个游标位于入射光左、右两侧,并且其中一个游标的读数为 $90°00'$,另一个游标的读数为 $270°00'$,并固定游标盘。

(2)汞灯的衍射光谱的观察。

将望远镜与分光计度盘固定在一起,左右转动,观察汞灯的衍射光谱。中央明纹为白色,望远镜转至左右两侧时,均可看到若干彩色谱线。谱线应与竖叉丝平行,否则应调节图 4-4 中的螺钉 a,以保证光栅刻痕不倾斜。

调节平行光管狭缝宽度,以能够分辨出两条紧靠的黄色谱线为准。

2. 衍射角的测量

转动望远镜,使其竖叉丝依次对准右侧第一级($K=+1$)的各色谱线,分别记下左、右两个游标的读数 θ_1、θ_2。然后转动望远镜,对准左侧第一级($K=-1$)的各色谱线,分别记下左、右两个游标的读数 θ'_1、θ'_2。则衍射角(如绿色谱线的一级衍射角)为

$$\varphi_{绿} = \frac{1}{4}(\mid \theta'_1 - \theta_1 \mid + \mid \theta'_2 - \theta_2 \mid) \tag{4-5}$$

上式消除了分光计刻度盘偏心或不对称所带来的系统误差。

五、数据处理

(1)本实验汞光谱线有紫、蓝、暗绿、绿、黄$_1$和黄$_2$,自拟记录表格,详细记录第一级($K=\pm1$)各色谱线的方位,并根据式(4-5)计算各色光的第一级衍射角,用实验室给出的光栅常数 $d_{标}$ 并利用式(4-2)算出对应的波长,与公认值(见实验原理)作比较算出相对百分误差。

(2)用绿光波长(546.1±0.1 nm)作为已知值,根据式(4-2)计算光栅常数 d,并与 $d_{标}$ 作比较算出相对百分误差。

(3)由汞灯光谱的两条黄色谱线求出 $\Delta\varphi_{黄}$ 和 $\Delta\lambda_{黄}$,根据式(4-3)计算光栅的色散率 D,再用式(4-4)计算 D,比较两者差异并说明原因。

六、注意事项

(1)分光计应按操作规程正确使用,严禁用手触摸光栅表面。
(2)不要用眼睛直接观察点燃的汞灯,以免紫外线灼伤眼睛。

七、思考题

(1)光栅方程 $d\sin\varphi = K\lambda$ 的适用条件是什么?实验中如何判断是否具备这些条件?
(2)如何判断光栅刻痕已经与狭缝平行?如不平行应如何调整?
(3)狭缝宽度对光谱的观测有何影响?

实验 5　色散曲线的测定

光的色散(dispersion of light)指的是复色光分解为单色光的现象。三棱镜色散是指复合白光通过棱镜分解成单色光的现象。此外,光纤中由光源光谱成分中不同波长的不同群速度所引起的光脉冲展宽的现象,是造成光纤色散的原因。牛顿在 1666 年最先利用三棱镜观察到光的色散,把白光分解为彩色光带(光谱)。色散现象说明光在介质中的速度 $v=c/n$(或折射率 n)随光的频率 f 而变。光的色散可以用三棱镜、衍射光栅、干涉仪等来实现,光的色散证明了光具有波动性。本实验利用三棱镜观测光的色散现象。

一、实验目的

(1)了解光的色散现象。

(2)熟悉用最小偏向角法测玻璃三棱镜的折射率并了解色散规律。

(3)掌握分光计的一种使用方法。

二、实验仪器

分光计;平面反射镜;汞灯光源;三棱镜;照明小灯等。

三、实验原理

最小偏向角法是测定三棱镜折射率的基本方法之一,如图 5-1 所示,$\triangle ABC$ 表示一折射三棱镜的横截面,AB 和 AC 是透光的光学表面,又称折射面,其夹角 α 称为三棱镜的顶角;BC 为毛玻璃面,称为三棱镜的底面。假设某一波长的光线 LD 入射到棱镜的 AB 面上,经过两次折射后沿 ER 方向射出,则入射线 LD 与出射线 ER 的夹角 δ 称为偏向角。由图中的几何关系知,偏向角

$$\delta = \angle FDE + \angle FED = (i_1 - i_2) + (i_4 - i_3) \tag{5-1}$$

因为顶角 α 满足

$$\alpha = i_2 + i_3 \tag{5-2}$$

则

$$\delta = i_1 + i_4 - \alpha \tag{5-3}$$

对于给定的三棱镜来说,角 α 是固定的,δ 随 i_1 和 i_4 的变化而变化,其中 i_4 与 i_3、i_2、i_1 依次相关,因此 i_4 实际上是 i_1 的函数,偏向角 δ 也就仅随 i_1 的变化而变化。在实验中可观察到,当 i_1 变化时,偏向角 δ 有一极小值,称为最小偏向角。理论上可以证明,当 $i_1 = i_4$ 时,δ 具有最小值。显然这时入射光和出射光的方向相对于三棱镜是对称的,如图 5-2 所示。

若用 $\delta_{\min}$ 表示最小偏向角,将 $i_1 = i_4$ 代入式(5-3)得

$$i_1 = \frac{1}{2}(\delta_{\min} + \alpha) \tag{5-4}$$

因为 $i_1 = i_4$,所以 $i_2 = i_3$,又因为 $\alpha = i_2 + i_3 = 2i_2$,则

$$i_2 = \frac{\alpha}{2} \tag{5-5}$$

根据折射定律 $\sin i_1 = n \sin i_2$,得

$$n = \frac{\sin i_1}{\sin i_2} \tag{5-6}$$

将式(5-4)、式(5-5)代入式(5-6)得

$$n = \frac{\sin \dfrac{\delta_{\min} + \alpha}{2}}{\sin \dfrac{\alpha}{2}} \tag{5-7}$$

由式(5-7)可知,只要测出某波长入射光线的最小偏向角 $\delta_{\min}$ 及三棱镜的顶角 α,即可求出该三棱镜对该波长光的折射率 n。

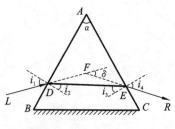

图 5-1　棱镜的折射

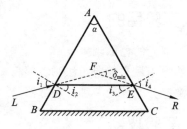

图 5-2　$\delta_{\min}$ 示意图

四、实验内容

1. 调节分光计

调节好分光计待用。

2. 测量最小偏向角 $\delta_{\min}$

(1) 将三棱镜置于载物台上，并使三棱镜折射面的法线与平行光管轴线夹角约为 $60°$。

(2) 观察偏向角的变化。用光源照亮狭缝，根据折射定律判断折射光的出射方向。先用眼睛(不在望远镜内)在此方向观察，可看到几条平行的彩色谱线，然后慢慢转动载物台，同时注意谱线的移动情况，观察偏向角的变化。顺着偏向角减小的方向，缓慢转动载物台，使偏向角继续减小，直至看到谱线移至某一位置后将反向移动。这说明偏向角存在一个最小值(逆转点)。谱线移动方向发生逆转时的偏向角就是最小偏向角，如图 5-3 所示。

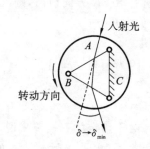

图 5-3　最小偏向角

(3) 用望远镜观察谱线。在细心转动载物台时，使望远镜一直跟踪谱线，并注意观察某一波长谱线的移动情况(各波长谱线的逆转点不同)。在该谱线逆转移动时，拧紧游标盘制动螺丝，调节游标盘微调螺丝，准确找到最小偏向角的位置。

(4) 测量最小偏向角位置。转动望远镜支架，使谱线位于分划板的中央，旋紧望远镜支架制动螺丝，调节望远镜微调螺丝，使望远镜内的分划板十字刻度线的中央竖线对准该谱线中央，从游标 1 和游标 2 读出该谱线折射光线的角度 θ 和 θ'。

(5) 测定入射光方向。移去三棱镜，松开望远镜制动螺丝，移动望远镜支架，将望远镜对准平行光管，微调望远镜，将狭缝像准确地定位于分划板的中央竖直刻度线上，从两游标分别读出入射光线的角度 θ_0 和 θ'_0。

(6) 按 $\delta_{\min} = \dfrac{1}{2}\left[(\theta - \theta_0) + (\theta' - \theta'_0)\right]$ 计算最小偏向角 $\delta_{\min}$ (取绝对值)。

(7) 重复步骤(1)~(6)，分别测出汞灯光谱中各谱线的最小偏向角 $\delta_{\min}$。各谱线的波长如表 5-1 所示。

表 5-1　汞灯光源各谱线的波长

单位：Å

颜色	橙	黄	黄	绿	绿蓝	蓝	蓝紫	蓝紫
波长	6234.4	5790.7	5769.6	5460.7	4916.0	4358.3	4077.8	4046.6

(8)按式(5-7)计算出三棱镜对各波长谱线的折射率。

五、数据记录

三棱镜顶角 $\alpha = 60°00' \pm 02'$。

(1)将实验数据记录在数据表 5-2 中,并按实验要求处理实验数据。

表 5-2　测量最小偏向角 $\delta_{\min}$

颜色	折射光		入射光		$\delta_{\min} = \frac{1}{2}[(\theta - \theta') + (\theta_0 - \theta_0')]$	$n = \dfrac{\sin\frac{\delta_{\min} + \alpha}{2}}{\sin\frac{\alpha}{2}}$
	θ	θ_0	θ'	θ_0'		
黄₁						
黄₂						
绿						
绿蓝						
蓝						
紫						

(2)列表记录不同颜色光的波长 λ 和 $\dfrac{1}{\lambda^2}$。

(3)作三棱镜玻璃的 n-λ 色散曲线。画出 n-$\dfrac{1}{\lambda^2}$ 曲线,从中求斜率 b 和截距 a,写出色散函数 $n = f(\lambda)$ 的表达式。

六、注意事项

(1)三棱镜是精密贵重仪器,使用中严防跌坏。

(2)不能用手拿三棱镜两个抛光面,如有不清洁,要用镜头纸擦净。

(3)各条谱线不会同时出现最小偏向位置,因此,当测完一条谱线后,对另一条谱线进行最小偏向角测量时,均应再转动小平台,严格确定它的最小偏向方位。

七、思考题

(1)最小偏向状态如何判断?

(2)用最小二乘法解出本次实验色散函数中的正常数,并与使用图解法获得的结果进行比较。

(3)折射率的定义是什么?

(4)是否有最大偏向角?

实验 6　偏振光的观测与研究

偏振光的应用遍布工农业、医学、国防等部门,利用偏振光装置的各种精密仪器,为科研、工程设计、生产技术的检验等提供了极有价值的方法。

一、实验目的

(1)观察光的偏振现象,加深偏振的基本概念。

(2)了解偏振光的产生和检验方法。

(3)观测布儒斯特角及测定玻璃的折射率。

(4)观测椭圆偏振光和圆偏振光。

二、实验仪器

光具座;激光器;光电检流计;偏振片;半波片;1/4 波片;光电转换装置;观测布儒斯特角装置;钠光灯。

三、实验原理

根据光的电磁理论,光波就是电磁波,电磁波是横波,所以光波也是横波。因为在大多数情况下,电磁辐射同物质相互作用时,起主要作用的是电场,所以常以电矢量作为光波的振动矢量,其振动方向相对于传播方向的一种空间取向称为偏振,光的这种偏振现象是横波的特征。

根据偏振的概念,如果电矢量的振动只限于某一确定方向的光,则称这样的光为平面偏振光,亦称线偏振光;如果电矢量随时间作有规律的变化,其末端在垂直于传播方向的平面上的轨迹呈椭圆(或圆),则称这样的光为椭圆偏振光(或圆偏振光);若电矢量的取向与大小都随时间作无规则变化,各个方向的取向率相同,则称这样的光为自然光;若电矢量在某一确定方向上最强,且各向的电振动无固定位相关系,则称这样的光为部分偏振光。

1. 获得偏振光的方法

(1)非金属镜面的反射。当自然光从空气照射在折射率为 n 的非金属镜面(如玻璃、水等)上,反射光与折射光都称为部分偏振光。当入射角增大到某一特定值 φ_0 时,镜面反射光成为完全偏振光,其振动面垂直于入射面,这时入射角 φ_0 称为布儒斯特角,也称为偏振角。由布儒斯特定律得

$$\tan\varphi_0 = n \tag{6-1}$$

(2)多层玻璃片的折射。当自然光以布儒斯特角入射到叠在一起的多层平行玻璃片上时,经过多次反射后透过的光就近似于线偏振光,其振动在入射面内。

(3)晶体双折射产生的寻常光(o 光)和非常光(e 光)均为线偏振光。用偏振片可以得到一定程度的线偏振光。

2. 偏振光、波长片及其应用

1)偏振片

偏振片是利用某些有机化合物晶体的二向色性,将其深入透明塑料薄膜中,经定向拉制而成。它能吸收某一方向振动的光,而透过与此垂直方向振动的光,由于在应用时起的作用不同而叫法不同,用来产生偏振光的偏振片称为起偏器,用来检验偏振光的偏振片称为检偏器。

根据马吕斯定律,强度为 I_0 的线偏振光通过检偏器后,透射光的强度为

$$I = I_0 \cos^2 \theta \tag{6-2}$$

式中:θ 为入射偏振光偏振方向与检偏器偏振轴之间的夹角。显然,当以光线传播方向为轴转动检偏器时,透射光强度 I 发生周期性变化。当 $\theta = 0°$ 时,透射光强最大;当 $\theta = 90°$ 时,透射光强为极小值(消光状态);当 $0° < \theta < 90°$ 时,透射光强介于最大和最小值之间。图 6-1 所示的是自然光透过起偏器和检偏器后的变化。

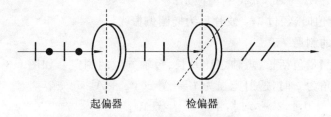

起偏器　　　　检偏器

图 6-1　自然光透过起偏器和检偏器后的变化

2)波长片

当线偏振光垂直射到光轴平行于表面的单轴晶片时,寻常光(o 光)和非常光(e 光)沿同一方向前进,但传播的速度不同。这两种偏振光通过晶片后,其相位差为

$$\varphi = \frac{2\pi}{\lambda}(n_o - n_e)L \tag{6-3}$$

式中:λ 为入射偏振光在真空中的波长;n_o 和 n_e 分别为晶片对 o 光和 e 光的折射率;L 为晶片的厚度。

我们知道,两个相互垂直的、同频率且有固定相位差的简谐振动,可用下列方程表示(如通过晶片后 o 光和 e 光的振动):

$$\begin{cases} X = A_e \sin \omega t \\ Y = A_o \sin (\omega t + \varphi) \end{cases} \tag{6-4}$$

从两式中消去时间 t,经三角运算后得到合成振动的方程式

$$\frac{X^2}{A_e^2} + \frac{Y^2}{A_o^2} + \frac{2XY}{A_o A_e} \cos \varphi = \sin^2 \varphi \tag{6-5}$$

由式(6-5)可知:

(1)当 $\varphi = K\pi (K = 0, 1, 2, \cdots)$ 时,为线偏振光;

(2)当 $\varphi = \left(K + \dfrac{1}{2}\right)\pi (K = 0, 1, 2, \cdots)$ 时,为正椭圆偏振光。在 $A_o = A_e$ 时,为圆偏振光;

(3)当 φ 为其他值时,为椭圆偏振光。

在某一波长的线偏振光垂直入射于晶片的情况下，能使 o 光和 e 光产生相位差 $\varphi = (2K+1)\pi$（相当于光程差为 $\lambda/2$ 的奇数倍）的晶片，称为对应于该单色光的二分之一波片（$\lambda/2$ 波片）；与此相似，能使 o 光和 e 光产生相位 $\varphi = \left(2K+\dfrac{1}{2}\right)\pi$（相当于光程差为 $\lambda/4$ 的奇数倍）的晶片，称为对应于该单色光的四分之一波片（$\lambda/4$ 波片）。本实验中所用 $\lambda/4$ 波片是对 632.8 nm（He-Ne 激光）而言的。

如图 6-2 所示，当振幅为 A 的线偏振光垂直入射到 $\lambda/4$ 波片上，振动方向与波片光轴成 θ 角时，由于 o 光和 e 光的振幅分别为 $A\sin\theta$ 和 $A\cos\theta$，所以通过 $\lambda/4$ 波片后合成的偏振状态也随角度 θ 的变化而不同。

(1)当 $\theta = 0°$ 时，获得振动方向平行于光轴的线偏振光；

(2)当 $\theta = \pi/2$ 时，获得振动方向垂直于光轴的线偏振光；

(3)当 $\theta = \pi/4$ 时，$A_e = A_o$，获得圆偏振光；

(4)当 θ 为其他值时，经过 $\lambda/4$ 波片后为椭圆偏振光。

3. 椭圆偏振光的测量

椭圆偏振光的测量包括长、短轴之比及长、短轴方位的测定。如图 6-3 所示，当检偏器方位与椭圆长轴的夹角为 φ 时，透射光强为 $I = A_1^2\cos^2\varphi + A_2^2\sin^2\varphi$。

当 $\varphi = K\pi\,(K = 0,1,2,\cdots)$ 时，$I = I_{\max} = A_1^2$；

当 $\varphi = (2K+1)\dfrac{\pi}{2}\,(K = 0,1,2,\cdots)$ 时，$I = I_{\min} = A_2^2$。

则椭圆长短轴之比为

$$\frac{A_1}{A_2} = \sqrt{\frac{I_{\max}}{I_{\min}}} \tag{6-6}$$

椭圆长轴的方位即为 $I_{\max}$ 的方位。

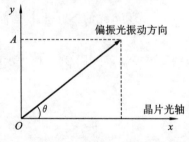

图 6-2　线偏振光的分解

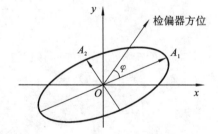

图 6-3　椭圆偏振光的分解

四、实验内容

1. 起偏与检偏鉴别自然光与偏振光

(1)在光源至光屏的光路上插入起偏器 P_1，旋转 P_1，观察光屏上光斑强度的变化情况。

(2)在起偏器 P_1 后面再插入检偏器 P_2。固定 P_1 的方位，P_2 旋转 360°，观察光屏上光斑强度的变化情况。有几个消光位？

(3)以硅光电池代替光屏接收 P_2 射出的光束，旋转 P_2，每转过 10° 记录一次相应的光电流值,共转 $180°$,在坐标纸上作出 $I_0 - \cos^2\theta$ 曲线。

2. 观察布儒斯特角及测定玻璃折射率

(1)在起偏器 P_1 后,插入测布儒斯特角装置,再在 P_1 和测布儒斯特角装置之间插入一个带小孔的光屏。调节玻璃平板,使反射光束与入射光束重合。记下初始角 φ_1。

(2)一面转动玻璃平板,一面同时转动起偏器 P_1,使其透过方向在入射面内。反复调节直至反射光消失为止,此时记下玻璃平板的角度 φ_2,重复测量三次,求平均值。算出布儒斯特角 $\varphi_0 = \varphi_2 - \varphi_1$。

(3)把玻璃平板固定在布儒斯特角的位置上,去掉起偏器 P_1,在反射光束中插入检偏器 P_2,旋转 P_2,观察反射光的偏振状态。

3. 观察椭圆偏振光和圆偏振光

(1)先使起偏器 P_1 和检偏器 P_2 的偏振轴垂直(即检偏器 P_2 后的光屏上处于消光状态),在起偏器 P_1 和检偏器 P_2 之间插入 $\lambda/4$ 波片,转动波片使 P_2 后的光屏上仍处于消光状态。用硅光电池(或光电检流计组成的光电转换器)取代光屏。

(2)将起偏器 P_1 转过 $20°$,调节硅光电池使透过 P_2 的光全部进入硅光电池的接收孔内。转动检偏器 P_2,找出最大电流的位置,并记下光电流的数值。重复测量三次,求平均值。

(3)转动 P_1,使 P_1 偏振方向与 $\lambda/4$ 波片光轴夹角依次为 $30°$、$45°$、$60°$、$75°$、$90°$,在取上述每一个角度时,都将检偏器 P_2 转动一周,观察从 P_2 透出光的强度变化。

4. 考察平面偏振光通过 $\lambda/2$ 波片时的现象

(1)按图 6-4 在光具座上放置各元件,使起偏器 P 的振动面为垂直面,检偏器 A 的振动面为水平面(此时应观察到消光现象)。

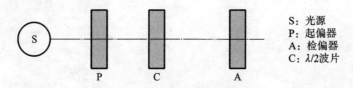

S：光源
P：起偏器
A：检偏器
C：$\lambda/2$波片

图 6-4　实验光路示意图

(2)在 P、A 之间插入 $\lambda/2$ 波片 C,使 C 转动 $360°$,能看到几次消光? 解释这个现象。

(3)将 C 转任意角度,这时消光现象被破坏,把 A 转动 $360°$,观察到什么现象? 由此说明通过 $\lambda/2$ 波片后,光变为怎样的偏振状态?

(4)仍使 P、A 处于正交,插入 C,使其消光,再将 C 转动 $15°$,破坏其消光。转动 A 至消光位置,并记录 A 所转动的角度。

(5)继续将 C 转动 $15°$(即总转动角为 $30°$),记录 A 达到消光所转动总角度,依次使 C 总转动角为 $45°$、$60°$、$75°$、$90°$,记录 A 消光时所转的总角度,数据填入表 6-1 中。

五、数据处理

(1)在坐标纸上描绘出 $I_0 - \cos^2\theta$ 曲线。

(2)求出布儒斯特角 $\varphi_0 = \varphi_2 - \varphi_1$,并由式(6-1)求出平板玻璃的相对折射率 n。

(3)由式(6-6)求出 $20°$ 时椭圆偏振光的长、短轴之比,并以理论值为准求出相对误差。

(4)考察平面偏振光通过 $\lambda/2$ 波片时的现象,数据填入表 6-1 中。

表 6-1　$\lambda/2$ 波片与检偏器转动角度记录表

$\lambda/2$ 波片转动角度	检偏器转动角度
15°	
30°	
45°	
60°	
75°	
90°	

从上面实验结果得出什么规律? 怎样解释这一规律。

六、思考题

(1)通过起偏和检偏的观测,你应当怎样鉴别自然光和偏振光?

(2)玻璃平板在布儒斯特角的位置上时,反射光束是什么偏振光? 它的振动方向是平行于入射面还是垂直于入射面?

(3)当 $\lambda/4$ 波片与 P_1 的夹角为何值时产生圆偏振光? 为什么?

第二部分　应用光学实验

应用光学的传统概念是指光学仪器(望远镜、显微镜、照相机、投影仪)等光学系统的理论与设计。这部分实验紧密联系"应用光学"这门专业课程来开设,内容涉及自准直法调校平行光管、透镜成像规律实验、薄透镜焦距的测定、透镜组节点和焦距的测定、像差的观测、金相显微镜成像原理及使用实验等。通过这些实验的训练,学生将加深理解应用光学的有关基本概念和理论,进一步掌握常见的光学仪器的使用方法,积累一定的实验技能,提高光学仪器设计能力。

实验 7　自准直法调校平行光管

平行光管是光学测量的基本设备,其作用主要是产生一束平行光,或是用作一无穷远的光源。平行光管在使用前必须进行调校,即检验平行光管出射的光束是否为平行光,若不是,则需调整物镜与分划板的相对位置。平行光管调校的目的就是使平行光管分划板的刻线面准确地调整到平行光管物镜的焦面位置上。平行光管调校方法有很多,本实验只是介绍目前最常用的自准直法。

一、实验目的

(1)了解利用自准直法调校平行光管的原理,并熟练掌握它们的调校方法。
(2)分析自准直法的调校误差。

二、实验仪器

平行光管($f=550$ mm);带有十字分划的分划板;高斯式自准直目镜;平面反射镜(其口径大于平行光管物镜的通光口径)。

三、实验原理

平行光管调校的目的就是使平行光管分划板的刻线面准确地调整到平行光管物镜的焦面上。

1. 平行光管结构和用途

通过平行光管可以获得平行光,平行光管是装校、调整光学仪器的重要工具之一。在平行光管上装有自校准装置(可调平面镜和目镜)的就称为自校准平行光管。用不同的分划板、各种附件以及测微目镜和读数显微镜,可以测定透镜和透镜组等光学系统成像质量和焦距。自校准平行光管结构如图 7-1 所示。

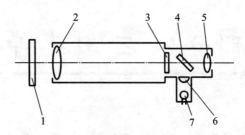

图 7-1 自校准平行光管结构

1—平面反射镜；2—物镜；3—分划板；4—半透半反镜；5—目镜；6—聚光镜；7—小电珠

2. 自校准法定焦原理

将调校的平行光管分划板后面配置一个自准直目镜，这时由平行光管和自准直目镜一起构成自准直望远镜。调校时，在平行光管物镜前放一个平面度良好的平面反射镜，如图 7-1 所示。人眼通过自准直目镜观察分划板和由平面镜反射回来的分划板的像，当人眼判断分划板和分划板的像在纵向方向（即光轴方向）一致时，则认为平行光管已调校好。

自准直法调校误差由两部分组成，即调焦误差 ΔSD_1 和平面镜的面形误差 ΔSD_2。因此，总的调校误差可以用下式表示：

$$\Delta SD = \Delta SD_1 + \Delta SD_2 \tag{7-1}$$

式中：ΔSD_1 为平面镜理想的平面，相当于望远镜的调焦误差。利用此自准直法，调焦精度可提高一倍。

如果平面镜口径大于平行光管物镜的有效口径 D_C，且在 D_C 范围内的面形误差为 N 个光圈，则平面镜面形误差 ΔSD_2 的计算公式为

$$\Delta SD_2 = \frac{1}{R} = \frac{4N\lambda}{D_C^2} \tag{7-2}$$

式中：R 为镜面的曲率半径；λ 为光波波长。

自准直法定焦光路图如图 7-2 所示。

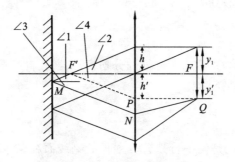

图 7-2 自准直法定焦光路图

过焦点 F' 作一平行于反射光线 MN 的辅助光线 $F'P$，则 PQ 必与光轴平行。由反射原理知，$\angle 1 = \angle 3$，又 $\angle 1 = \angle 2$，$\angle 3 = \angle 4$，故 $\angle 2 = \angle 4$，$h = h'$，$y_1 = y_1'$。因此，若物体处在透镜焦平面处，其倒立实像也在焦平面上，且像与物大小相等。

四、实验内容

(1)点亮小电珠,调节反射镜角度,使得通过目镜可以看到光源反射过来的亮斑。

(2)粗调分划板位置(转动分划板镜框),使得通过目镜可以看到分划板刻线的倒立清晰像。微调反射镜角度,使分划板十字叉丝的中心与它的像对齐。

(3)用摆头法判断分划板刻线与其自准直像有无视差(像不动则无视差)。微调分划板位置,直至无视差为止。或者观察分划板刻线间距与其像的长度,微调分划板位置,直至长度相同为止。

五、思考题

现有 $f = 3000\,\text{mm}$,$f = 1875\,\text{mm}$,$f = 1200\,\text{mm}$,$f = 550\,\text{mm}$,$f = 50\,\text{mm}$ 等平行光管需要进行调校。实验室现有 $D = 90\,\text{mm}$ 的平面反射镜、高斯式自准直目镜、阿贝式自准直目镜、有效口径为 $45\,\text{mm}$ 的五棱镜,观察望远镜一台。采用什么方法对这些平行光管进行调校?根据测量方法如何选择部件组成测量仪器?

实验 8　透镜成像规律实验

光学系统多用于对物体成像,实际光学系统的近轴区可近似为理想光学系统。理想光学系统理论是在 1841 年由高斯提出来的。1893 年阿贝发展了理想光学系统理论,理想光学系统理论又称为“高斯光学”。在各向同性均匀介质中的理想光学系统,物空间中的光线和像空间中的光线均为直线。物空间的一点对应于像空间的一点,这一对点的位置可以用光线通过一定的几何关系确定下来。本实验以透镜成像为例,研究理想光学系统的成像规律。

一、实验目的

(1)研究薄正透镜、薄负透镜的成像特性,即成像的位置、大小、正倒和虚实性。

(2)加深对实物、虚物、实像、虚像等基本概念的理解。

二、实验仪器

光具座;毫米尺(透明);钨丝灯;正透镜;负透镜;光屏;读数显微镜。

三、实验原理

理想光学系统只作为光学系统的一个理论模型,不涉及光学系统的具体结构。对于透镜成像的研究是根据理想光学系统的共线成像理论来研究物和像之间的关系。已知物求像的方法有图解法和解析法。若需要精确地求出像的位置和大小,则需用解析的方法,即用公式进行计算。

光学系统都在同一种介质中,当物像空间介质折射率相同($n = n'$)时,系统的物像方焦距相等,理想光学系统的物像位置公式为

$$\frac{1}{l'} - \frac{1}{l} = \frac{1}{f'} \tag{8-1}$$

上式常称为高斯公式。其中 l 表示物点到物方主点的距离，l' 表示像点到像方主点的距离，f' 表示物像方焦距。

以主点为坐标原点的物像距的放大率公式为

$$\beta = \frac{y'}{y} = \frac{l'}{l} \tag{8-2}$$

式中：y 和 y' 分别表示物高和像高。放大率随物体位置而异，某一放大率只对应一个物体位置。在不同的共轭面上，放大率是不同的。

光学系统的成像特性主要表现在像的位置、大小、倒正和虚实。物像的倒正和虚实性满足如下规律：

(1) $\beta > 0$：像为正立像，物与像虚实性相反；$\beta < 0$：像为倒立像，物与像虚实性相同。

(2) $l < 0$：实物，$l > 0$：虚物；$l' < 0$：虚像，$l' > 0$：实像。

对于正透镜，$f' > 0$，作出其高斯方程曲线，如图 8-1(a) 所示。

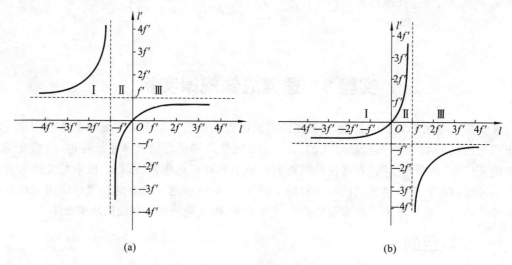

图 8-1　透镜的高斯方程曲线

区域 I：$l < -f' < 0$，$l' > f' > 0$，实物成倒立实像，其中，当 $l < -2f'$ 时，缩小实像；当 $l = -2f'$ 时，等大实像；当 $-2f' < l < -f'$ 时，放大实像。区域 II：$-f' < l < 0$，$l' < 0$，实物成正立放大虚像。区域 III：$l > 0$，$l' > 0$，虚物成正立缩小实像。

对于负透镜，$f' < 0$，作出其高斯方程曲线，如图 8-1(b) 所示。区域 I：$l < 0$，$l' < 0$，虚物成正立缩小实像。区域 II：$0 < l < -f'$，$l' > 0$，虚物成正立放大实像。区域 III：$l > -f' > 0$，$l' < 0$，虚物成倒立虚像，其中，当 $-f' < l < -2f'$ 时，放大虚像；当 $l = -2f'$ 时，等大虚像；当 $l > -2f'$ 时，缩小虚像。

四、实验内容

1. 观察正透镜（$f' = 150$ mm）的成像规律

(1) 物位于物方焦面和主面之间。

调整光源、毫米尺、正透镜,使它们共轴,并使物距满足 $-f' < l < 0$。此时朝透镜里观察,将会看到毫米尺的虚像。观察像的正倒。为了测得虚像的位置和大小,必须借助附加正透镜,如图 8-2 所示。将附加正透镜放在被测正透镜和光屏间,使附加正透镜和光屏间距离为附加透镜的两倍焦距,且毫米尺与光屏的距离小于附加透镜的四倍焦距。移动被测透镜,直至光屏上出现毫米尺的清晰像。那么毫米尺通过被测透镜成的虚像必处在附加正透镜的物方焦面上,且与光屏上的像大小相等方向相反。测出附加正透镜到被测正透镜的距离 d 和物距 l,则虚像的像距 l' 满足 $-l' = -2f_2 - d$。只要测出光屏上实像的像高,就得到虚像的像高。将光屏取下,在光屏所在位置处换上读数显微镜,略微增加读数显微镜到辅助透镜的距离(向后移动读数显微镜),直至通过读数显微镜目镜观察到毫米尺的清晰像。转动读数显微镜的读数鼓轮,使游丝对准毫米尺像的某个刻度,记下此时读数鼓轮的格数(读数鼓轮转一圈,游丝移动 1 mm,读数鼓轮转一格,游丝移动 0.01 mm)。转动读数鼓轮,使游丝对准与刚才刻度相邻的一个刻度,记下读数鼓轮转动的圈数和此时读数鼓轮的格数。圈数即为游丝移动毫米数的整数部分,格数之差(后者减去前者)即为游丝移动毫米数的小数部分。游丝移动的距离即是像高,它对应毫米尺上一个以毫米为单位的物。

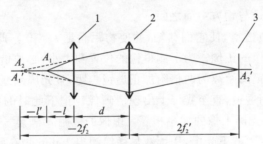

图 8-2 在正透镜后加入附加透镜成像光路示意图
1—被测正透镜;2—附加正透镜;3—光屏.

(2)物位于一倍物方焦距和两倍物方焦距之间。

将附加透镜和读数显微镜取下,换上光屏。将透镜后移,使物距满足 $-2f' < l < -f'$。移动光屏,直至光屏上出现清晰的像。记下物距和像距,观察像的正倒。取下光屏,用读数显微镜测出 1 mm 物高所对应的像高。

(3)物位于两倍物方焦距处。

将读数显微镜取下,换上光屏。将透镜后移,使物距满足 $l = -2f'$。移动光屏,直至光屏上出现清晰的像。记下物距和像距,观察像的正倒和像的变化。取下光屏,用读数显微镜测出 1 mm 物高所对应的像高。

(4)物位于物方无限远和两倍物方焦距之间。

将读数显微镜取下,换上光屏。继续将透镜后移,使物距满足 $l < -2f'$。移动光屏,直至光屏上出现清晰的像。记下物距和像距,观察像的正倒和像的变化。取下光屏,用读数显微镜测出 1 mm 物高所对应的像高。

(5)物在主面和像方无限远之间。

为了获得虚物,必须在被测正透镜前加入附加正透镜,按图 8-3 布置光路。将物置于附加正透镜的两倍物方焦距处,将光屏置于附加正透镜像方两倍焦距内。移动被测透镜,直至光屏上出现清晰像。测出像距和两透镜间的间距 d，则虚物的物距为 $2f'_1-d$。其中，f'_1 为附加正透镜的焦距。分析像相对于虚物的正倒。取下光屏，用读数显微镜测出 1 mm 物高所对应的像高。

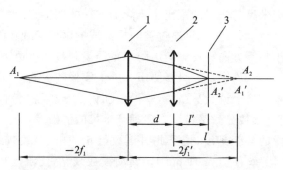

图 8-3　在正透镜前加入附加透镜成像光路示意图

1—附加正透镜；2—被测正透镜；3—光屏

2. 观察负透镜的成像规律

(1)物位于物方无限远与物方主面之间。

调整光源、毫米尺、负透镜，使它们共轴，并使物距满足 $l<0$。此时朝透镜里观察，将会看到毫米尺的虚像，观察像的正倒。为了测得像的位置和大小，必须借助附加正透镜，如图8-4所示，使光屏到附加正透镜的距离为两倍附加正透镜焦距，且光屏到毫米尺的距离大于四倍附加正透镜焦距。移动被测透镜，直至光屏上出现清晰像。记下此时的物距和两透镜之间的距离 d。此时虚像的大小与光屏上像的大小相等。虚像的像距 l' 满足 $-l'=-2f_2-d$，其中 f_2 为附加正透镜的物方焦距。取下光屏，用读数显微镜测出 1 mm 物高所对应的像高。

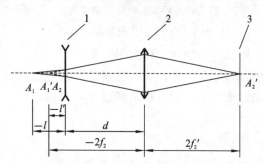

图 8-4　在负透镜后加入附加正透镜成像光路示意图

1—被测负透镜；2—附加正透镜；3—光屏

(2)物位于像方主面与像方焦面之间。

为得到虚物，必须在被测负透镜前加入附加正透镜，按图 8-5 布置光路，使物位于附加正透镜物方两倍焦距处，并使被测负透镜在附加正透镜像方，且与它的距离 d 略小于附加正透镜两倍焦距。移动光屏直至出现清晰像，观察像的正倒。记下像距和 d。虚物的物距 l 满足 $l=2f'_1-d$，其中 f'_1 为附加正透镜像方焦距。取下光屏，用读数显微镜测出 1 mm 物高所对应的像高。

(3)物位于像方一倍焦距与两倍焦距之间。

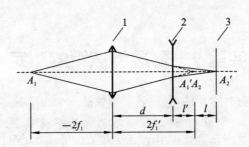

图 8-5　在负透镜前加入附加正透镜成像光路示意图

1—附加正透镜；2—被测负透镜；3—光屏

　　仍然按图 8-5 布置光路。将被测负透镜向附加正透镜方向移动，使 d 满足 $2f_1' - 2f_2' < d$ $< 2f_1' - f_2'$，其中 f_1' 为附加正透镜像方焦距，f_2' 为被测负透镜像方焦距。透过被测负透镜可看到毫米尺的虚像，观察像的正倒，比较它与物的大小。

　　(4) 物位于像方两倍焦距处。

　　仍然按图 8-5 布置光路。继续将被测负透镜向附加正透镜方向移动，使 d 满足 $d = 2f_1' - 2f_2'$，透过被测负透镜观察像的变化，比较它与物的大小。

　　(5) 物位于像方两倍焦距外。

　　仍然按图 8-5 布置光路。继续将被测负透镜向附加正透镜方向移动，使 d 满足 $d < 2f_1' - 2f_2'$，透过被测负透镜观察像的变化，比较它与物的大小。

五、数据处理

　　将测量数据填入表 8-1 中。

表 8-1　透镜成像规律测量数据表格

透镜种类	物距 l	像距 l'（测量值）	像距 l（理论值）	放大率 β'（测量值）	放大率 β（理论值）	成像特性（虚实正倒）
正透镜	$l < 2f$					
	$l = 2f$					
	$2f < l < f$					
	$f < l < 0$					
	$l > 0$					
负透镜	$l < 0$					
	$0 < l < -f'$					
	$-f' < l < -2f'$					
	$l = -2f'$					
	$l > -2f'$					

实验 9　薄透镜焦距的测定

　　透镜是光学仪器中最基本的元件,反映透镜特性的一个主要参量是焦距,它决定了透镜成像的位置和性质(大小、虚实、倒立)。薄透镜焦距测量的准确度主要取决于透镜光心及焦点(像点)定位的准确度。本实验在光具座上采用几种不同方法分别测定凸、凹两种薄透镜的焦距,以便了解透镜成像的规律,掌握光路调节技术,比较各种测量方法的优缺点,为今后正确使用光学仪器打下良好的基础。

一、实验目的

　　(1)学会用多种方法测量薄凸透镜的焦距,并比较各种方法的优缺点。
　　(2)学会测量薄凹透镜焦距的方法。
　　(3)掌握简单光路的分析和调整方法,掌握透镜成像的规律。

二、实验仪器

　　光源;光具座;凸透镜;凹透镜;平面镜;像屏。

三、实验原理

1. 自准直法测薄凸透镜焦距

　　如图 9-1 所示,物在凸透镜的焦平面上,物上的任意一点经过透镜成为平行光,再经过平面镜反射后成等大的像在焦平面上。

2. 物距像距法测薄凸透镜焦距

　　在凸透镜一侧的物体经过凸透镜成一实像,在光距座上记录物距 u 和像距 v,再将物距 u 和像距 v 代入以下的成像公式:

$$\frac{1}{f} = \frac{1}{u} + \frac{1}{v} \tag{9-1}$$

即可算出透镜的焦距,如图 9-2 所示。

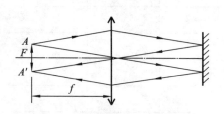

图 9-1　自准直法测薄凸透镜焦距

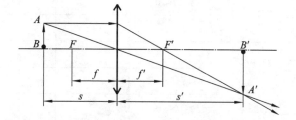

图 9-2　物距像距法测薄凸透镜焦距

3. 二次成像法(共轭法、贝塞尔法)

　　固定透镜和接收屏的距离为 D,其中 $D>4f$,再移动透镜的位置,将在接收屏上观察到两

次成像,即一次放大和一次缩小的实像,如图 9-3 所示。根据以下公式可以算出透镜的焦距:

$$f = \frac{D^2 - d^2}{4D} \tag{9-2}$$

式中:d 为两次成像的透镜位置之间的距离。

4. 自准直法测薄凹透镜焦距

借助于凸透镜实现该方法:物体 AB 经过凸透镜成像在 $A'B'$,将凹透镜放在恰当的位置,也就是当 $A'B'$ 到凹透镜的位置为凹透镜焦距时,最右侧的光为平行光,最后经过平面镜成像于实物的位置,即 $A''B''$,如图 9-4 所示。

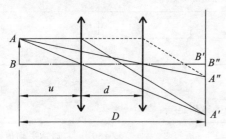

图 9-3　二次成像法

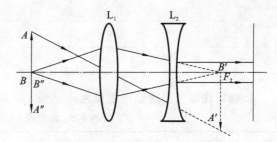

图 9-4　自准直法测凹透镜焦距

5. 凹凸透镜成像法

借助于凸透镜实现凹透镜的成像。物 P 经过凸透镜直接成像在 B 点,再放上凹透镜后成像在 D 点。这个过程对于凹透镜而言,B 为凹透镜的虚物,经过凹透镜成像实物 D。s 为物距,s' 为像距,如图 9-5 所示。

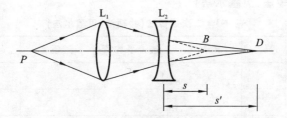

图 9-5　凹凸透镜成像法

四、实验内容

粗调:先将物、透镜、像屏等用光具底座固定好以后,再将它们靠拢,用眼睛观察调节高低、左右,使它们的中心大致在一条和导轨平行的直线上,并使它们本身的平面互相平行且与光轴垂直。

细调:如果物不在透镜的光轴上,而发生偏离,那么其像的中心在屏上的位置将会随屏的移动而变化,这时可以根据偏离的方向判断物中心究竟是偏左还是偏右、偏上还是偏下,然后加以调整,直到像的中心在屏上的位置不随屏的移动而变化时即可。

实物与测量点之间的距离为修正值:$\Delta = 1.41$ cm。

分别按前面所介绍的五种方法测量透镜焦距,将数据记录在相应表格(见表 9-1～表 9-5)中。

五、数据处理

1. 自准直法测薄凸透镜焦距

表 9-1　自准直法测薄凸透镜焦距

次数	光源位置	光源修正后位置 x_0	凸透镜位置	凸透镜位置（转动 180°）	凸透镜位置平均值 x
1					
2					
3					
$f = x - x_0$					

2. 物距像距法测薄凸透镜焦距

表 9-2　物距像距法测薄凸透镜焦距

次数	光源	修光源	透镜1	转 180°	透镜平均值	透镜2	转 180°	透镜平均值
1								
2								
3								

3. 二次成像法（共轭法、贝塞尔法）

表 9-3　二次成像法（共轭法、贝塞尔法）

次数	光源	修光源	透镜1	转 180°	透镜平均值	透镜2	转 180°	透镜平均值
1								
2								
3								

4. 自准直法测薄凹透镜焦距

表 9-4　自准直法测薄凹透镜焦距

次数	凹透镜位置 x_0	凹透镜位置（转 180°）	凹透镜	实像位置	实像位置（转动 180°）	实像位置平均值 x	焦距
1							
2							
3							

5. 凹凸透镜成像法

表 9-5　凹凸透镜成像法

次数	凹透镜位置 x_0	凹透镜位置 （转 180°）	凹透镜平均	实像位置 （凸透镜）	实像位置	焦距
1						
2						
3						

六、注意事项

(1)必须先调节好光路,然后再开始测量;注意爱护实验仪器,要正确地拿透镜,防止摔坏。

(2)自准直法测凸透镜焦距时,若凸透镜旋转 180°,则可以不改变平面镜的位置,但是平面镜的位置会影响像的清晰,当平面镜离凸透镜比较近的时候,像比较清晰。

(3)物距像距法测凸透镜焦距时,尽量保证物距和像距略大于 $2f$,这样误差相对减小。

七、思考题

(1)怎么粗测凸透镜的焦距?

(2)为什么在用成像法测量凸透镜焦距的时候,物距和像距应略大于 $2f$?

实验 10　透镜组节点和焦距的测定

通常的光学系统由一个或几个部件组成,每个部件可以由一个或几个透镜组成,这些部件称为光组,光组可以单独看作一个理想光学系统,由主点、节点和焦点的位置来描述。本实验测定透镜组的节点和焦距以加深对基点的理解。

一、实验目的

了解透镜组节点和焦距的测定方法,加深对主点、节点、焦点等概念的理解。

二、实验仪器

钨丝灯;毫米尺;物镜 L_0;透镜组 L_1、L_2;测节器;测微目镜;平面镜;白屏(备用)。

三、实验原理

研究理想光学系统的一些特定的点和面,它们往往可以完全表示该系统的特性,如图10-1所示。

1. 焦点与焦面

根据理想光学系统共线成像的特性,设在物空间有一条和光学系统光轴平行的光线射入

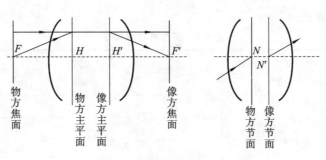

图 10-1　理想光学系统中的基点

光学系统,则在像空间必有一条光线与之相共轭。根据光学系统性质的不同,共轭光线可以平行于光轴,也可以和光轴交于一点。

平行于光轴的光束经过系统后相交于一点 F',称 F' 为像方焦点。过 F' 垂直于光轴的平面称为像方焦面。系统物方光轴上一点 F 发射的同心光束经系统后成为平行于系统的平行光束,称 F 为物方焦点。过 F 垂直于光轴的平面称为物方焦面。

2. 主点与主平面

在理想光学系统中存在着横向放大率 $\beta = 1$ 的一对垂直光轴的共轭面,这对共轭面称为主平面。主平面与光轴的交点称为主点。除入射为平行光束、出射也是平行光束的望远系统外,所有光学系统都有一对主面,其一个主面上的任一线段以相等的大小和相同的方向成像在另一主面上。

3. 节点和节面

在光学系统中还有一对角放大率为 $+1$ 的共轭点。通过这对共轭点的光线方向不变。在理想光学系统中,光轴上角放大率 $\gamma = 1$ 的一对共轭点称为系统的节点,过节点作垂直于光轴的平面称为节面。

当理想光学系统的物和像处在同一种光学介质中,那么主点和节点是重合的。利用这个性质,将光学系统绕像方节点转动时,平行光束所成的像点不发生位移(见图 10-2),由此可以确定系统的主点和节点。

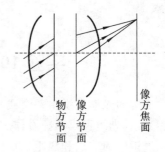

图 10-2　物像在同一种介质中系统的主点和节点

四、实验内容

(1)用自准直法调节毫米尺到物镜 L_0 的距离,使毫米尺正好处在 L_0 的物方焦面上,毫米尺上任何一个物点发出的光束通过物镜 L_0 后为平行光。方法:将钨丝灯、毫米尺、物镜、平面镜顺次沿米尺布置,调节它们共轴,改变毫米尺到物镜 L_0 的距离,使得在毫米尺上观察到它的清晰倒立等大实像。

(2)取走平面镜,按图 10-3 加入透镜组、测节器和测微目镜。调节它们共轴。移动测微目镜,找到毫米尺的清晰像。

(3)沿测节器导轨前后移动透镜组,同时相应地前后移动测微目镜找到毫米尺的清晰像,将测节器绕轴转动,观察毫米尺像有无横像移动。若有横向移动,则重复此步骤,直到毫米尺像无横向移动为止。

（4）用白屏取代测微目镜，接收毫米尺清晰像。分别记下此时屏和测节器支架在米尺导轨上的位置 a 和 b，并从测节器导轨上记下透镜组中心位置（有标线）与测节器转轴中心的偏移量 d。

（5）将测节器前后转动 $180°$（将透镜组 L_1、L_2 位置互换），重复第（3）和第（4）步，测得另一组数据 a'、b'、d'。

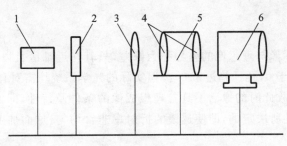

图 10-3　实验装置示意图

1—钨丝灯；2—毫米尺；3—物镜 L_0；4—透镜组 L_1、L_2；5—测节器；6—测微目镜

五、数据处理

（1）记录像方和物方各种基点的位置，如表 10-1 所示。

表 10-1　像方和物方各种基点的位置

	像方	物方
节点偏离透镜组中心的距离 d/d'		
白屏的位置 a/a'		
测节器支架的位置 b/b'		
焦距：像方 $f' = a - b$，物方 $f = a' - b'$		

（2）以适当比例画出被测透镜组及各种基点的相对位置。

（3）对被测透镜组各种基点的相对位置用几何光学原理进行理论推导。

实验 11　像差的观测

光学系统近轴区具有理想光学系统的性质，光学系统近轴区的成像被认为是理想像。实际光学系统所成的像和近轴区所成的像的差异，即为像差。本实验观测各种像差，了解产生原因，理解减小像差的措施。

一、实验目的

（1）掌握各种几何像差产生的条件及其基本规律，观察各种像差现象。

（2）实际测量显微系统的线视场、放大倍率及数值孔径的大小。

（3）了解几种主要像差的物理意义和观测方法。

二、实验仪器

光源；带小孔的屏幕；滤色片；焦距仪；待观测望远镜；被观测物镜；简易光具座及相应附件。

三、实验原理

光学系统所成实际像与理想像的差异称为像差，只有在近轴区且以单色光所成的像才是完善的（此时视场趋近于0，孔径趋近于0）。但实际的光学系统均需对有一定大小的物体以一定的宽光束进行成像，故此时的像已不具备理想成像的条件及特性，即像并不完善。可见，像差是由球面本身的特性所决定的，即使透镜的折射率非常均匀，球面加工得非常完美，像差仍会存在。

光学系统对单色光成像时产生单色像差，分为球差、彗差、像散、场曲、畸变五类。

1. 球差

球差是由主轴上的点发出的孔径角较大的光束不符合近轴近似造成的。从透镜主轴上一点所发出的同心光束入射到透镜上，若把透镜分成一个个同心圆环，当同心光束照射到透镜的各个圆环上，其孔径角 u 不等。由于不同的孔径角 u 对应于不同的成像点，所以经透镜折射后的光束不再保持同心，所成的像不是一个点。若在近轴近似的理想系统下计算出来的像点上观察像，只能看到一个模糊的像斑（见图11-1）。球差是轴上点唯一的单色像差。所谓消球差系统一般只能使一个孔径球差为零，通常对边缘孔径校正球差。

2. 彗差

单个折射球面除三对无球差点以外，对于任何位置的物点均存在球差，这是由折射球面本身的特性引起的。在透镜主轴外一点发出的宽光束，它的外圈不符合近轴条件，使成像不可能成一斑点，而扩展成一彗星状的光斑（见图11-2）。彗差是轴外像差之一，其危害是使物面上的轴外点成像为彗星状的弥散斑，破坏了轴外视场的成像清晰度。彗差随视场大小的变化而变化，对于同一视场，孔径不同彗差也会变化。

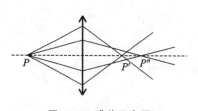

图 11-1　球差示意图

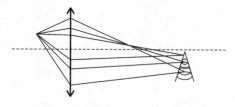

图 11-2　彗差示意图

3. 像散

若一物点离开透镜的主轴较远，它发出的同心光束不会符合近轴条件。所以即使很窄的一束光经透镜折射后也不能会聚成一点，用白屏在透镜后面沿光束传播方向移动，可以观察到透镜折射后的光束是一系列椭圆形状的像。当白屏移动到两个不同位置时，椭圆像变成线段，这两条线段是相互垂直的,分别为通过物点的弧矢光线成的像和子午光线成的像(见图11-3),二短线之间的距离称为像散差。在位置1时,成像细光束截面为一长轴垂直于子午面的椭圆;在位置2时,为一垂直于子午面的短线;在位置3时,又为一长轴垂直于子午面的椭圆;在位置4时,成为一圆斑;在位置5时,成为长轴在子午面内的椭圆;在位置6时,形成一子午面内的短线;在位置7时,又成长轴在子午面内的椭圆。

当系统存在像散时,不同的像面位置会得到不同形状的物点像。若光学系统对直线成像,由于像散的存在其成像质量与直线的方向有关。例如,若直线在子午面内,则其子午像是弥散的,而弧矢像是清晰的;若直线在弧矢面内,则其弧矢像是弥散的,而子午像是清晰的;若直线既不在子午面内也不在弧矢面内,则其子午像和弧矢像均不清晰,故而影响轴外像点的成像清晰度。

不仅细光束有像散,宽光束也一样有像散。

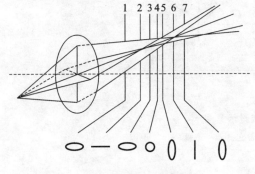

图 11-3　像散示意图

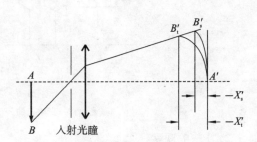

图 11-4　场曲示意图

4. 场曲

由于轴外点发出的细光束通过光学系统成像存在像散,形成子午像和弧矢像。一个平面通过有像散的光学系统必然形成两个像面(子午像面和弧矢像面),二者均为对称于光轴的旋转曲面。因轴上点无像散,这两个像面必然同时相切于理想像面与光轴的交点上。某一视场的子午像和弧矢像相对于高斯像面的距离分别称为子午场曲和弧矢场曲(见图11-4)。

场曲是视场的函数,随着视场的变化而变化。当系统存在较大场曲时,就不能使一个较大平面同时成清晰像,若对边缘调焦清晰了,则中心就模糊,反之亦然。

5. 畸变

由于发光体面积较大,很难满足近轴条件,这样,发光体经透镜折射后成的像,其各部分的放大率不一样,使像和物失去了几何相似性,这种现象称为畸变。当像的边缘部分的放大率小于中心部分时,称为桶型畸变,反之,称为枕型畸变(见图11-5)。

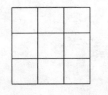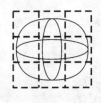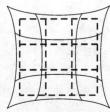

图 11-5　畸变示意图

畸变仅是视场的函数,不同的视场的实际垂轴放大倍率不同,畸变也不同。由于畸变是垂轴像差,它只改变轴外物点在理想像面上的成像位置,使像的形状产生失真但不影响像的清晰度。

四、实验内容

1. 球差的观察

按照图 11-6 布置各器件,并调光路至共轴。将小孔放在透镜主光轴上,照明有小孔的屏幕(模拟轴上物点),固定物距。先将边缘透光的光阑放在透镜前,物点发出的光经透镜的边缘部分折射成像,记下成像位置。将中心透光的光阑换上,再测定成像位置。两个位置的差是由球差引起的。

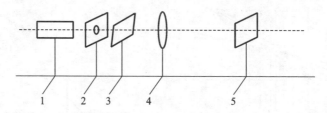

图 11-6　实验装置示意图
1—光源;2—带小孔的屏幕;3—滤色片;4—透镜;5—白屏

2. 彗差的观察

去掉光阑,在白屏上找到小孔的像斑,微微转动透镜(使小孔偏离光轴),观察白屏上小孔像斑的变化,可以看到彗星似的图案。

3. 像散的观察

在垂直于主轴的平面内移动物屏(有小孔的屏幕),使小孔远离透镜的主光轴,移动白屏,在屏幕上可以看到由于像散引起的各种图案。

4. 场曲的观察

用方形铁丝网作为物,换下带小孔的屏幕,然后移动白屏,观察屏幕上成像图案及其各部分清晰度的变化,就可以观察到成像平面已经弯曲。

5. 畸变的观察

用方形铁丝网作为物,将中心透光的光阑置于物与透镜之间并前后移动(改变视场),观察屏幕上成像图案的变化。

五、思考题

(1)正、负透镜及双胶合透镜产生的球差各有什么特点?
(2)透镜应怎样调才能观察到彗差现象?
(3)在该实验装置中,哪个面是子午面,哪个面是弧矢面?
(4)常见的畸变有哪两种形式?画图说明。
(5)常见的用以消除场曲的方法有哪些?

实验 12 金相显微镜成像原理及使用实验

一、实验目的

(1)了解金相显微镜的成像原理、基本构造,各主要部件的作用。

(2)掌握正确的使用操作规程和维护方法。

(3)学会使用软件保存样品图形,标定样品有关数据。

二、实验仪器及材料

待观察样品;金相显微镜。

三、实验原理

1. 金相显微镜

金相显微镜的种类很多,按功能可分为教学型、生产型和科研型;按结构可分为台式、立式和卧式三大类。其构造均由光学系统、照明系统和机械系统三大部分组成,有的显微镜还附带照相装置和暗场照明系统等。

光学金相显微镜是依靠光学系统实现放大作用的,显微镜成像原理如图 12-1 所示,主要由物镜、目镜及一些辅助光学零件组成。对着被观察物体 AB 的一组透镜叫物镜;对着眼睛的一组透镜叫目镜。现代显微镜的物镜和目镜都是由复杂的透镜系统组成的,其放大倍数可提高到 1600~2000 倍。

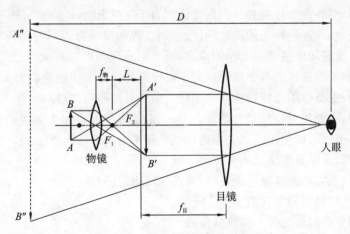

图 12-1 金相显微镜成像原理图

当被观察物体 AB 置于物镜前焦点略远处时,物体的反射光线穿过物镜并经折射后,得到一个放大的实像 $A'B'$(称为中间像)。若 $A'B'$ 处于目镜焦距之内,则通过目镜观察到的是经目镜再次放大的虚像 $A''B''$。由于正常人眼观察物体时最适宜的距离是 250 mm(称为明视距离),因此在显微镜设计上,应让虚像 $A''B''$ 正好落在距人眼 250 mm 处,以使观察到的物体影像最清晰。

2. 金相显微镜的结构

金相显微镜的结构如图 12-2 所示。

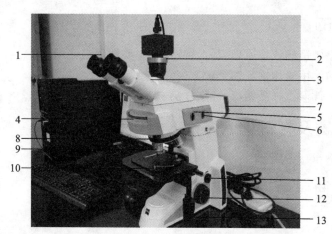

图 12-2　金相显微镜的结构

1—目镜;2—摄像头接口;3—双目照相镜筒;4—功能模块盒;5—视场光阑;6—孔径光阑;7—灯箱;
8—物镜转盘;9—物镜;10—载物台;11—亮度调节旋钮;12—调焦机构;13—前后、左右调节旋钮

各部件简介如下。

(1)目镜:眼睛观察样品的部位,可以调节瞳距、眼睛屈光度。平常的时候很容易落灰,注意要经常用吹气球清理,也可以用适量的酒精或者蒸馏水清洗。

(2)摄像头接口:连接摄像头的部位,通过摄像头把显微镜的图像实时显示在计算机上。

(3)双目照相镜筒:两个目镜和一个摄像头相当于三只眼睛,所以也俗称三目头。

(4)功能模块盒:放置各种功能模块的位置,当工程师安装好以后尽量不要拆卸。当需要改变模块时,只要旋转功能模块盒上面的滑盘,当听到定位声的时候表示已经到位,然后看滑盘上面的白色线和下面连接的数字就可以判定此位置是在哪个功能模块下工作了。

(5)视场光阑:主要作用是控制视域大小以及调节柯勒照明光路。

(6)孔径光阑:主要作用是控制光通量大小,一般情况下打到最大就可以,在高倍观察时,因为景深比较小,所以可以使用适当大小的孔径光阑来增加样品的景深。

(7)灯箱:光源,光学显微镜光的来源。

(8)物镜转盘:当需要改变物镜倍数时,可以旋转物镜转盘。

(9)物镜:光学显微镜最主要的部件。

注意:①在调焦的时候物镜不能碰到样品。

②使低倍物镜在向高倍物镜过渡过程中必须先在低倍下找到样品,调焦清楚才可以逐级向高倍过渡,并且要注意物镜与样品之间的距离。

③物镜不可以轻易擦拭清理,尽量避免用酒精等有腐蚀性的清洗剂。

④在改变物镜倍数的时候不能搬动物镜来旋转物镜转盘,长时间容易造成物镜聚焦不清晰以及物镜聚焦性能变差,从而影响物镜与样品的位置,造成样品与物镜摩擦而损坏物镜。

⑤不可轻易拆卸。

（10）载物台：放置样品的地方，主要是在观察样品的时候移动样品，方便找到感兴趣位置。

（11）亮度调节旋钮：主要作用是控制电源电压来实现光源的明暗调节。

（12）调焦机构：粗调、微调主要是调节样品与物镜之间的距离，使样品在显微镜下清晰成像。

（13）前后、左右调节旋钮：控制载物台前后、左右的移动。

3. 金相显微镜的使用步骤

（1）接通电源，打开照明系统，根据放大倍数要求选用物镜，如果需要通过计算机显示，则可通过视频转接线将图像传输到计算机中。

（2）将试样放在载物台中心，观察面朝下。

（3）旋转粗调焦手轮使载物台下降并靠近试样表面（不得靠近试样），然后反向旋转粗调焦手轮调节焦距，当视场亮度增强时改用微调焦手轮，直至物像清晰为止。

（4）调节孔径光阑和视场光阑，使物像视场质量最佳。

（5）选择理想视场拍照。

（6）对样品进行标定数据。

（7）观察试样完毕，应立即关灯，以延长灯泡的使用寿命。

四、实验步骤与内容

（1）听取实验指导教师对光学显微镜成像原理、构造及使用的详细讲解，并掌握光学显微镜的使用步骤和注意事项。

（2）将待观测样品置于金相显微镜，按照正确的光学显微镜操作方法观察并标定数据，学会数据标定方法。样品观察完毕后，在计算机中正确使用配套软件将数据复制到 U 盘中，然后打印出来，放在实验报告中。

五、实验注意事项

在使用金相显微镜时，需要注意以下事项：

（1）操作应细心，不能有任何剧烈动作。

（2）显微镜镜头和试样表面不能用手直接触摸。若镜头中落入灰尘，采用洗耳球吹掉灰尘和沙粒，严重时可用镜头纸或软毛刷轻轻擦拭。

（3）调节粗调或微调手轮时要求动作缓慢。

第三部分　信息光学实验

这部分实验配合光电类专业的重要课程"信息光学"来开设,内容涉及全息照相、全息光学元件、全息信息存储、特征识别、阿贝-波特成像及空间滤波等。它们是现代信息存储和处理、检测、计量、防伪、光学图像实时处理、光学海量存储、光计算,以及制作有特殊功能的全息光学元件等方面应用的基础实验。通过这几个实验一方面加深学生对全息术基本原理和光学传递函数的理解,巩固理论知识;另一方面掌握一些信息光学应用的基本技术,切实提高实验技能及分析解决问题的能力。

实验 13　透射型全息图的拍摄与再现

全息照相又称全息术,是英国科学家 Gabor 于 1947 年为提高电子显微镜的分辨率提出的,解决了全息术发明的基本问题。由于当时缺乏相干性良好的光源,直至 20 世纪 60 年代初激光的出现和 Leith、Upatnieks 提出离轴全息术后,全息术的研究才进入了实用和昌盛的研究阶段,成为现代光学的一个重要分支。Gabor 也因提出全息术的思想而获得 1971 年诺贝尔物理学奖。之后经过科学家们近 40 年的努力,全息术不仅作为一种显示技术得到了很大的发展,而且在信息存储和处理、检测、计量、防伪、光学图像实时处理、光学海量存储、光计算,以及制作有特殊功能的全息光学元件等方面都有广泛的应用。

一、实验目的

(1)学习和掌握透射型全息照相的基本原理。

(2)通过实验掌握透射型全息照相基本技术。

(3)掌握透射型全息图的激光再现方法。

(4)通过实验了解全息照相的特点。

(5)进一步加深对光波复振幅、波前及共轭光波的理解。

二、实验仪器

防振平台;He-Ne 激光器;分束镜;反射镜;扩束镜;支架;干板夹;全息干板;显影液;定影液。

三、实验原理

全息术是利用光的干涉,将物体发出的光波以干涉条纹的形式记录下来,并在一定条件下,用光的衍射原理使其再现。由于用干涉方法记录下的是物体明暗、远近和颜色的全部信息,可以形成与原物体逼真的三维图像,因此称为全息术或全息照相。

全息照相包括记录和再现两个过程。记录过程是应用光的干涉原理,记录下来的干涉图样称为全息图。再现过程是应用光的衍射原理,衍射过程中所形成的像称为再现像。下面分别讲述。

光产生干涉的基本条件是有两束或两束以上的相干光波在空间叠加。在全息照相中,把全息照相干板或其他记录介质,放在物体光波与参考光波干涉场中的某一截面内,经曝光、显影和定影处理后,所记录的干涉图样就是全息图。

如图 13-1 所示,在透射型全息图的拍摄中,从 He-Ne 激光器发出的激光光束被分束镜 SP 分为两束:一束经反射镜 M_1 反射、扩束镜 L_1 扩束后直接照射到全息干板 H 上,称为参考光 R;另一束经 M_2 反射、L_2 扩束后照射到被拍摄物体 O 上,被物体漫反射后也到达全息干板 H 上,称为物光。由于物光和参考光都来自同一光源,激光又具有较好的时间和空间相干性,在一定的实验条件下,二者都有固定的相位分布,叠加后可以形成稳定的干涉场,其中位于全息干板 H 截面内的干涉图样被记录下来成为全息图。

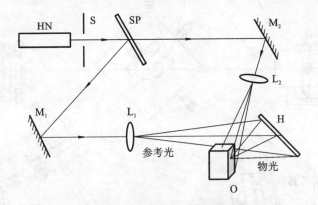

图 13-1　透射型全息图拍摄光路示意图

HN—He-Ne 激光器;S—快门;SP—分束镜;M_1、M_2—反射镜;H—全息干板;L_1、L_2—扩束镜;O—被拍摄物体

将曝光后的全息图底片经显影、定影处理后,用原参考光束照明,就可得到清晰的原物体的像。这个过程称为全息图原始像的再现,如图 13-2 所示。在再现过程中,全息图将重现光衍射而产生表征原始物光波前特性的所有光学现象,即使原来的物体已经拿走,它仍可以重现原来物体的像,其效果就和观察原物一样,看到的是原物体真实的三维像,有逼真的视差效应和景深效应。即当我们改变观察的方向时,可以看到被前面的物体遮挡的部位;看不同距离的物体眼睛要重新聚焦。如果用原参考光的共轭光来照明再现时,可在原位看到原来物体的实像,如图 13-3 所示。

四、实验内容

1. 透射型全息图的拍摄

在靠近激光器处使激光通过光阑,再将光阑移动到距离激光器足够远处,调节激光器支架上的仰俯倾斜调节螺钉使激光通过光阑,几次重复后使激光光束与平台台面基本平行;将需要

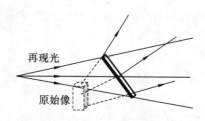

图 13-2　全息图原始像的再现

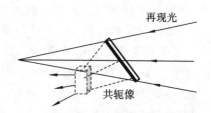

图 13-3　全息图的共轭像再现

使用的支架都以激光光束为基准调为等高,支架上有光学元件的,让激光光束照射到光学元件的中心,然后通过调节支架上的左右和仰俯调节螺钉使其反射光束的中心与激光器输出口等高。

(1)光路拼搭。

按照图 13-4 所示的实验装置图初步安排好各光学元件、支架和物体的位置,图中各序号对应的装置如表 13-1 所示。其中全息干板位置先用白屏代替。

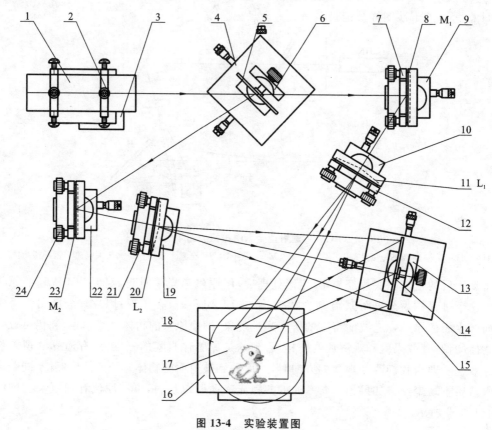

图 13-4　实验装置图

表 13-1　实验装置图(见图 13-4)中的序号说明

1:He-Ne 激光器	2:激光器架(SZ-42)
3:升降调节座(SZ-03)	4:三维调节座(SZ-01)

续表

5:分束器	6:干板架(SZ-12)
7:二维架(SZ-07)	8:平面镜 M_1
9:二维平移底座(SZ-02)	10:二维平移底座(SZ-02)
11:扩束器 L_1($f' = 4.5$ mm)	12:二维架(SZ-07)
13:二维干板架(SZ-18)	14:全息干板
15:三维平移底座(SZ-01)	16:拍摄物体
17:载物台(SZ-20)	18:通用底座(SZ-04)
19:升降调整座(SZ-03)	20:扩束器 L_2($f' = 4.5$ mm)
21:二维架(SZ-07)	22:二维平移底座(SZ-02)
23:平面镜 M_2	24:二维架(SZ-07)

(2)测量光程。

在初步安排的光路上,从分束镜 SP 开始分别测量参考光 5→8→11→17→14 的光程 l_R 和物光 5→23→20→14 的光程 l_O,并调整反射镜 M_1 和 M_2、物体 O 和全息干板的位置,使 l_O 与 l_R 之间的差距小于 1 cm。

(3)光束调整。

打开激光器,将扩束镜 L_1 和 L_2 加入光路,调整扩束镜支架的前后、上下、左右位置使光斑均匀,并分别照满白屏和被拍摄物体。仔细检查并固定好每一个光学元件及支架。

(4)装夹全息干板、曝光。

取下白屏,关闭快门和照明灯,打开安全灯,将全息干板乳胶面面对物体夹紧在干板架上(乳胶面区分的方法是:在干板的任意表面哈一口气,不起雾的一面为乳胶面),离开防振平台,静等一分钟后按指导教师推荐的曝光时间曝光,一般为 10 s 左右,曝光过程中不得走动、讲话和做引起地面抖动及空气流动的事情。

(5)显影、定影。

取下全息干板到暗室中显影、定影和水洗,显影时间根据室温调整,定影和水洗时间为5～10 min;把全息图晾干,准备观察。

2. 透射型全息图再现像的观察

(1)把晾干的全息图按与拍摄时相同的位置放到原来记录光路中的干板架上夹紧,遮挡住物光,只用参考光照明全息图,观察到什么现象? 在水平面内左右轻微转动干板架,又观察到什么现象? 这个时候再现的是原始像还是共轭像,实像还是虚像?

(2)取下全息图,把全息图在水平面内转动 180°后重新夹在干板架上,遮挡住物光,只用参考光照明全息图,观察到什么现象(要用一个白屏或白纸在上面透射像与干板对称位置附近寻找)? 在水平面内左右轻微转动干板架,又观察到什么现象? 这个时候再现的是原始像还是共轭像,实像还是虚像?

五、注意事项

(1)激光光束亮度极高,严禁用眼睛直视从激光器发出的细激光光束,以免损伤眼睛。

（2）严禁拆卸激光器上的导线夹和激光电源，以免被高压击伤或损坏激光器。

（3）全息照相中使用的反射镜、分束镜等光学元件的表面严禁用手触摸，以免损坏光学元件和影响拍摄质量。

（4）为保证拍摄成功和拍摄质量，严禁在全息实验室中随意走动和大声说话。

六、思考题

（1）仅从照相的角度而言，全息照相与普通照相有哪些主要差别？

（2）全息照相中为什么要采用特殊的光源、特殊的记录材料和特殊的防振措施？

（3）全息图的再现像有哪些主要优点？为什么？有哪些主要缺点？为什么？

（4）为什么一般透射型全息图的观察要使用激光？使用白光再现看到的是什么现象？

（5）你所观察到的原始像和共轭像之间的主要区别是什么？再现方法上的不同在哪里？对光学中的共轭概念有什么理解？

（6）从全息图的记录和再现的原理中，你是否可以看出与无线电通信的共同之处？

实验 14　像面全息图的拍摄与再现

像面全息图或称聚焦像全息图。将物体靠近全息记录介质，或利用成像系统将物体成像在记录介质附近，再引入一束与之相干的参考光束，即可制作像全息图。当物体紧贴记录介质或物体的像跨立在记录介质表面上时，得到的全息图称为像面全息图。因此，像面全息图是像全息图的一种特例。由于像面全息图是把成像光束作为物光波来记录，相当于物与全息干板重合，物距为零，因此当用多波长的复合光波（如白光）再现时，再现像的像距也相应为零，各波长所对应的重现像都位于全息图上，将不会出现像模糊和色模糊。因此，像全息图可以用扩展白光光源照明重现，观察到清晰的像。

一、实验目的

（1）进一步学习和掌握全息照相的基本原理，学习一种可用白光再现的全息术。

（2）掌握像面全息图的记录和再现原理，制作一张像面全息图。

（3）了解像面全息图的白光再现方法。

二、实验仪器

防振平台；He-Ne 激光器；分束镜；反射镜；扩束镜；支架；干板夹；全息干板；显影液；定影液。

三、实验原理

在记录像面全息图时，如果物体靠近记录介质，则不便于引入参考光，故通常采用两种成像方式产生像光波：一种方式是采用透镜成像，如图 14-1 所示；另一种方式则是利用全息图的重现实像作为像光波,这时需要对物体先记录一张菲涅耳全息图,然后用原参考光波的共轭光波照明全息图,再现物体的实像,再用此实像作为物记录像全息图。因此,第二种方式包括二次全息记录与一次全息再现,过程比较烦琐。本实验采用第一种像全息的记录方式。

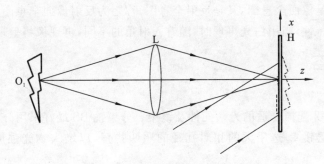

图 14-1 像面全息图拍摄光路示意图

根据菲涅耳点源全息图理论,讨论再现光源宽度对再现像的影响,可定量表示为

$$\Delta x_i = \frac{z_i}{z_p} \Delta x_p \tag{14-1}$$

式中:Δx_i 为再现像在 x 方向的展宽;Δx_p 为再现光源在 x 方向的宽度;z_i、z_p 分别为再现像、再现光源与全息图之间的距离。

像面全息图 z_o 很小,则 z_i 很小,靠近全息图。当 $z_i = z_o = 0$ 时,有线模糊 $\Delta x_i = 0$,此时,再现光源宽度不影响再现像的清晰度,可采用扩展光源照明。而再现光源光谱宽度对再现像的影响可表示为

$$\Delta x_i = \pm \frac{\Delta \lambda_2}{\lambda_1} \left(\frac{x_o}{z_o} - \frac{x_r}{z_r} \right) z_i \tag{14-2}$$

式中:$\Delta \lambda_2$ 为再现光源光谱宽度;λ_1 为拍摄全息图时激光的波长;x_o、x_r 分别为物体和参考光源与全息图平面在 x 方向的距离;z_o、z_r 分别为物体和参考光源与全息图平面在 z 方向的距离。类似地,当 $|z_o| \to 0 \Rightarrow |z_i| \to 0$,此时 $\Delta x_i \to 0$,可克服再现光源光谱宽度在 x 方向产生色模糊。同理可以克服 y 方向和 z 方向的色模糊。因此可用白光再现。

像面全息图的特点是可以用宽光源和白光再现。对于普通的全息图,当用点光源再现时,物上的一个点的再现像仍是一个像点。若照明光源的线度增大,像的线度也随之增大,从而产生线模糊。计算表明,记录时物体越靠近全息图平面,对再现光源的线度要求就越低。当物体或物体的像位于全息图平面上时,再现光源的线度将不受限制。

全息图可以看成是很多基元全息图的叠加,具有光栅结构。当用白光照明时,再现光的方向因波长而异,故再现像点的位置也随波长的变化而变化,其变化量取决于物体到全息图平面的距离。可见,各波长的再现像将相互错开又交叠在一起,从而使像变得模糊不清,产生色模糊。当全息干板处于离焦位置(即不在成像面上)时,再现像的清晰度将下降。离焦量越大,再现像就越模糊不清。然而,像面全息图的特征,是物体或物体的像位于全息图平面上,因而再现像也位于全息图平面上。此时,即使再现照明光的方向改变,像的位置也不会发生变化,只是看起来颜色有所变化罢了。这就是像面全息图可以用白光照明再现的原因所在。

应当注意,像面全息图的像不像普通全息图那样冗余地编码,而是局部编码在全息图上,

因此,再现时照明光束必须照到整个全息图才能把像完整地再现出来。此外,由于像面全息图本身的特征限制了物体的三维特性,故它仅具有有限的景深。

如果在本实验中,参考光不是从全息干板的乳胶面入射,而是从全息干板的背面入射,则所得到的全息图既是像面全息图,又是反射全息图,称之为反射像面全息图。反射像面全息图具有反射全息图的特性,当用白光再现时,随着入射角的不同,再现像将呈现不同的颜色。

四、实验内容

1. 选择元件

根据光路图 14-2 选择合适的光学元件及镜架。分束镜 BS 最好采用分束比可连续调节的渐变分束镜。成像透镜 L_3 选用大的相对孔径的照明物镜,以增大物光强度和再现像的清晰范围。

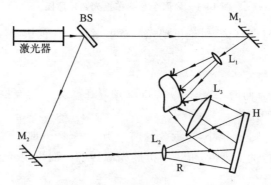

图 14-2 像面全息的记录光路

2. 调整光路

按照光路图 14-2 拼装和调整光路。从 He-Ne 激光器发出的激光光束被分束镜 BS 分为两束,一束经反射镜 M_2 反射、L_2 扩束后直接照射到全息干板 H 上,成为参考光 R;另一束经 M_1 反射、L_1 扩束后照射到物体上,被物体漫射后经透镜 L_3 再成像到全息干板 H 上,成为物光。

通过移动反射镜调整参考光的光程,使参考光与物光的光程差接近于零。物光与参考光的夹角不要太大,一般为 $30°\sim40°$。全息干板 H 应位于物体的共轭面(即成像面)上。物体像的大小可通过调整物体和全息干板的位置来控制。最好将物体置于两倍焦距处,使之 1:1 成像,以防止像的失真。

3. 调整光束比

根据物体的反射性能,通过调节分束镜 BS,使参考光与物光的光束比为 2:1~4:1。

4. 曝光记录

在暗室中裁片、装架,稳定 1 min 后进行曝光。将曝光后的全息干板进行常规的显影、定影处理,曝光时间 10 s 左右,显影时间与定影时间可根据室温相应调整,即得到吸收型像面全息图。

5. 漂白处理

为了提高衍射效率,可以用 R10 漂白液进行漂白处理,把黑色部分消除后再稍做浸泡,水洗数分钟后晾干,即得到相位型像面全息图。

6. 像面全息图再现像的观察

本实验光路采用发散的球面波作为参考光照明记录,再现时可以用一个灯丝稍集中的溴钨灯,按记录时参考光的方向照明。记录时也可改用平行光作为参考光,此时需加一个准直物镜用平行光再现,也可直接用太阳光再现。像面全息图可用白光宽光源再现,再现像是消色差的,位于全息图平面上(二维物体)或跨立在全息图平面上(三维物体)。

五、注意事项

(1)激光光束亮度极高,严禁用眼睛直视从激光器发出的细激光光束,以免损伤眼睛。

(2)严禁拆卸激光器上的导线夹和激光电源,以免被高压击伤或损坏激光器。

(3)全息照相中使用的反射镜、分束镜等光学元件的表面严禁用手触摸,以免影响拍摄质量。

(4)为保证拍摄成功和拍摄质量,严禁在全息实验室中随意走动和大声说话。

六、思考题

(1)像面全息图的再现像、像全息图的再现像和物体的像三者有何区别?

(2)现有一张某物体的菲涅耳全息图,试利用它来制作该物体的像面全息图。要求画出原理性的光路图,并叙述制作步骤。

(3)试设计一个拍摄反射像面全息图的光路。

实验 15　阿贝-波特成像及空间滤波

1873 年阿贝(E. Abbe)首先提出显微镜成像原理以及随后的阿贝-波特空间滤波实验,这个原理及其相应的实验是傅里叶光学应用的开端,也是空间滤波的先导,在傅里叶光学早期发展史上做出重要的贡献。这些实验简单、形象,令人信服,对相干光成像的机理及频谱分析和综合原理做出深刻的解释,同时这种用简单的模板作滤波的方法一直延续至今,在图像处理技术中仍然有广泛的应用价值。

阿贝-波特成像理论和实验,是光的角谱衍射成像理论与透镜的傅里叶变换性质的圆满结合。阿贝-波特成像理论认为,由相干光源照明物体的成像过程中,首先是物体对照明光波产生衍射,其衍射光波通过成像透镜后,被透镜对每一个平行方向传播的光线进行分组,每一组在其频谱面上形成一个点,经过进一步传输过程中的衍射,在像面成像。如果在频谱面上对物体的频谱进行调制或遮挡,就可以在物体的成像面上得到不同效果的图像,这一过程称为空间滤波。

一、实验目的

(1)学习和掌握阿贝-波特二次成像原理,并进行实验验证。

(2)通过实验掌握频谱面位置与照明光源位置的关系,物体位置与频谱面上频谱分布的关系。

（3）通过在频谱面上对频谱分布的调制，观察成像面上图像所受的影响，理解空间频率与频谱面上频谱分布的关系，总结空间滤波的规律。

二、实验仪器

防振平台；He-Ne激光器；扩束镜；支架；傅里叶透镜；干板夹；正交光栅；网格字；白屏等。

三、实验原理

1. 阿贝成像原理

用一束平行光照明物体，按照传统的成像原理，物体上任一点都成了一次波源，辐射球面波，经透镜的会聚作用，各个发散的球面波转变为会聚的球面波，球面波的中心就是物体上某一点的像。一个复杂的物体可以看成是由无数个亮度不同的点构成，所有这些点经透镜的作用在像平面上形成像点，像点重新叠加构成物体的像。这种传统的成像原理着眼于点的对应，物像之间是点点对应关系。

如图 15-1 所示，阿贝理论把物体看成是一个复杂光栅，在确定像平面上每一点的光扰动时，首先考虑物体的衍射，然后考虑孔径的衍射。用相干平面波照明，光波被物体衍射，在物镜的后焦面上形成物体的傅里叶频谱。在频谱图中各个极大的中心点看作是相干的次波源中心，它们发出的光波在像平面上叠加，形成物体的像。阿贝成像原理认为透镜的成像过程可以分成两步：第一步是通过物的衍射光在透镜后焦面（即频谱面）上形成空间频谱，这是衍射所引起的"分频"作用；第二步是代表不同空间频率的各光束在像平面上相干叠加而形成物体的像，这是干涉所引起的"合成"作用。成像过程的这两步本质上就是两次傅里叶变换。如果这两次傅里叶变换是理想的，即信息没有任何损失，则像和物应完全相似。如果在频谱面上设置各种空间滤波器，挡去某一些空间频率成分，则将会使像发生变化。空间滤波就是在光学系统的频谱面上放置各空间滤波器，去掉（或选择通过）某些空间频率或者改变它们的振幅和相位，使二维物体像按照要求得到改善。这也是相干光学处理的实质所在。

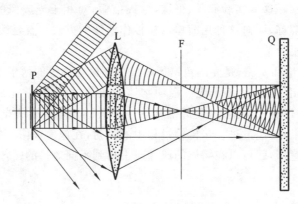

图 15-1　阿贝成像原理

以图 15-1 为例，平面物体的图像可由一个二维函数 $g(x, y)$ 描述，则其空间频谱 $G(f_x, f_y)$ 即为 $g(x, y)$ 的傅里叶变换：

$$G(f_x, f_y) = \iint_{-\infty}^{\infty} g(x, y)e^{-i2\pi(f_x x + f_y y)} \mathrm{d}x\mathrm{d}y \tag{15-1}$$

设 x'、y' 为透镜后焦面上任一点的位置坐标,则

$$f_x = \frac{x'}{\lambda f}, \quad f_y = \frac{y'}{\lambda f} \tag{15-2}$$

为方向的空间频率,量纲为 L^{-1},f 为透镜焦距,λ 为入射平行光波波长。再进行一次傅里叶变换,将 $G(f_x, f_y)$ 从频谱分布又还原到空间分布 $g'(x'', y'')$。

为了简便直观地说明,假设物是一个一维光栅,光栅常数为 d,其空间频率为 f_0($f_0 = 1/d$)。平行光照在光栅上,透射光经衍射分解为沿不同方向传播的很多束平行光,经过物镜分别聚焦在后焦面上形成点阵。我们知道这一点阵就是光栅的夫琅和费衍射图,光轴上一点是 0 级衍射,其他依次为 $\pm 1, \pm 2, \cdots$ 级衍射。从傅里叶光学来看,这些光点正好相应于光栅的各傅里叶分量。0 级为"直流"分量,该分量在像平面上产生一个均匀的照度。± 1 级称为基频分量,这两分量产生一个相当于空间频率为 f_0 的余弦光栅像。± 2 级称为倍频分量,在像平面上产生一个空间频率为 $2f_0$ 的余弦光栅像,其他依次类推。更高级的傅里叶分量将在像平面上产生更精细的余弦光栅条纹。因此,物镜后焦面的振幅分布就反映了光栅(物)的空间频谱,这一后焦面也称为频谱面。在成像的第二步骤中,这些代表不同空间频率的光束在像平面上又重新叠加而形成了像。只要物的所有衍射分量都到达像平面,则像就和物完全一样。

一般来说,像和物不可能完全一样,这是由于透镜的孔径是有限的,总有一部分衍射角度较大的高频信息不能进入物镜而被丢弃,所以像的信息总是比物的信息要少一些。高频信息主要反映物的细节。如果高频信息受到了孔径的阻挡而不能到达像平面,则无论显微镜有多大的放大倍数,也不可能在像平面上分辨这些细节。这是显微镜分辨率受到限制的根本原因。特别当物的结构非常精细(如很密的光栅),或物镜孔径非常小时,有可能只有 0 级衍射(空间频率为 0)能通过,则在像平面上虽有光照,但完全不能形成图像。

波特在 1906 年把一个细网格作为物(相当于正交光栅),并在透镜的焦平面上设置一些孔式屏对焦平面上的衍射亮点(即夫琅和费衍射花样)进行阻挡或允许通过时,得到了不同的图像。设焦平面上坐标为 ξ,f 为焦距,那么 ξ 与空间频率 $\dfrac{\sin\theta}{\lambda}$ 相应关系为

$$\frac{\sin\theta}{\lambda} = \frac{\xi}{\lambda f} \tag{15-3}$$

式(15-3)适用于角度较小($\sin\theta \approx \tan\theta = \xi/f$)时的情况。焦平面中央亮点对应的是物平面上总的亮度(称为直流分量),焦平面上离中央亮点较近(远)的光强反映物平面上频率较低(高)的光栅调制度(或可见度)。

2. 光学空间滤波

显微镜中物镜的有限孔径起了一个高频滤波的作用。它挡住了高频信息,而只让低频信息通过。如果在焦平面上人为插上一些滤波器(吸收板或移相板)以改变焦平面上的光振幅和相位,就可以根据需要改变频谱获得所需要的像结构,这就叫空间滤波。最简单的滤波器就是把一些特种形状的光阑插到焦平面上,使一个或几个频率分量能通过,而挡住其他频率分量,从而使像平面上的图像只包括一种或几种频率分量。对这些现象的观察能使我们对空间傅里叶变换和空间滤波有更明晰的概念。

阿贝成像原理和空间滤波预示了在频谱平面上设置滤波器可以改变图像的结构,这是无法用几何光学来解释的。前述相衬显微镜即是空间滤波的一个成功例子。除了下面实验中的低通滤波、方向滤波及 θ 调制等较简单的滤波例子,还可以进行特征识别、图像合成、模糊图像复原等较复杂的光学信息处理。因此,透镜的傅里叶变换功能的含义比其成像功能更深刻、更广泛。

如图 15-2 所示,$x'y'$ 平面上的点光源 S 经过 $x_o y_o$ 平面上的衍射屏(物体)调制后,在透镜的前表面得到复振幅分布 $U_l(x,y)$,再经过透镜的变换得到复振幅分布 U_l',光传输距离 d_{Si} 在光源的像面 $x_i y_i$ 上形成物体(衍射屏)透过率函数的频谱。一般情况下,频谱面上的频谱分布与光源到透镜的距离 d_{So}、物体到透镜的距离 d_o、透镜的焦距、所用光波的波长都有关,就是说,频谱面上每一个点所代表的空间频率的大小,需要由这些量共同来决定。经过频谱面后,光在继续传输过程中再次衍射,在衍射屏(物体)的像面上形成像。

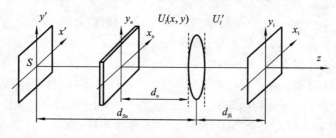

图 15-2　实验原理图

四、实验内容

1. 共轴光路调节

在光具座上将小圆孔光阑靠近激光管的输出端,上、下、左、右调节激光管,使激光光束能穿过小孔;然后移远小孔光阑,如光束偏离小孔光阑,调节激光管的仰俯旋钮,再使激光光束能穿过小孔,重新将光阑移近,反复调节,直至小孔光阑在光具座上平移时,激光光束均能通过小孔光阑。记录下激光光束在光屏上的照射点位置。

调平激光管后,激光光束直接打在屏 P 上的位置为 O,再加入透镜 L 后,如果激光光束正好射在透镜 L 的光心上,则在屏 P 上的光斑以 O 为中心,如果光斑不以 O 为中心,则需调节透镜 L 的高低及左右,直至经过透镜 L 的光束不改变方向(即仍打在 O 上)为止;此时在激光光束处再设带有圆孔 Q 的光屏,从透镜 L 前后两个表面反射回去的光束回到此 Q 上,如果两个光斑重合并正好以 Q 为中心,则说明透镜 L 的光轴正好就在 Q、O 连线上;否则就要调整透镜 L 的取向。如光路中有几个透镜,先调离激光器最远的透镜,再逐个由远及近加入其他透镜,每次都保持两个反射光斑重合在 Q 上,透射光斑以 O 为中心,则光路就一直保持共轴。

2. 阿贝-波特实验

用图 15-3 所示的实验装置图布置实验系统,装置图中序号所对应的装置如表 15-1 所示,并按下面的步骤和内容进行一维光栅实验。

(1)用 L_1 和 L_2 组成扩束器,以其出射的平行光束垂直地射在铅直方向的光栅上;在离光栅(物)2 m 以外放置白屏,前后移动变换透镜 L_3,在屏上接收光栅像;移动准直透镜 L_2 的位置,观察频谱面位置的变化及频谱面上光场分布的变化并记录下来,分析这些现象说明什么问题。

(2)将准直透镜 L_2 移动到产生平行光输出的位置,移动作为衍射屏的光栅,观察频谱面位置的变化及频谱面上光场分布的变化并记录下来,分析这些现象说明什么问题。

(3)在 L_3 后焦面(频谱面)放置一可调狭缝光阑,挡住频谱 0 级以外的光点,观察像屏上是否还有光栅像;调节狭缝宽度,使频谱的 0 级和 1 级通过光阑,观察像面上的光栅像;然后撤出光阑,让更高级次的衍射都能通过,再观察像面上的光栅像。比较这三种情况下光栅像有何变化。

(4)光阑只遮挡傅里叶面上的 1 级频谱,观察像面的变化。白屏放在傅里叶面上,测量 0 级至 $+1$、$+2$ 级或 -1、-2 级衍射极大之间的距离 d_1 和 d_2。按式(15-4)计算 ±1 级和 ±2 级光点的空间频率 f_{x1} 和 f_{x2}:

$$f_{x1} = \frac{d_1}{\lambda * f_3'}, \quad f_{x2} = \frac{d_2}{\lambda * f_3'} \tag{15-4}$$

式中:λ 为所用激光的波长;f_3' 为变换透镜的焦距。

(5)二维的正交光栅替换一维光栅,用 He-Ne 激光器发出的一束平行光垂直照射光栅,G 是空间频率为每毫米几十条的二维正交光栅,在实验中作为物。L 是焦距为 110 mm 的透镜,移动白屏使正交光栅在白屏上成放大的像。

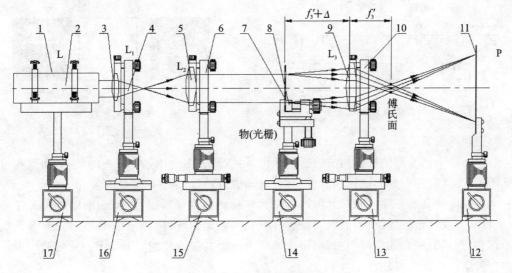

图 15-3 实验装置图

表 15-1 实验装置图中的序号说明

1:He-Ne 激光器 L	2:激光器架(SZ-42)
3:扩束器 L_1($f'=6.2$ 或 15 mm)	4:二维架(SZ-07)
5:准直透镜 L_2($f'=190$ mm)	6:二维架(SZ-07)
7:光栅(20 L/mm)	8:干板架(SZ-12)或双棱镜调节架
9:变换透镜 L_3($f'=225$ mm)	10:二维架(SZ-07)

续表

11：白屏(SZ-13)	12：升降调节座（SZ-03）
13：三维平移底座（SZ-01）	14：二维架（SZ-07）(SZ-02)
15：三维平移底座（SZ-01）	16：二维平移底座（SZ-02）
17：升降调节座（SZ-03）	

（6）调节光栅,使像上条纹分别处于垂直和水平的位置。这时在透镜后焦面上观察到二维的分立光点阵,这就是正交光栅的夫琅和费衍射（即正交光栅的傅里叶频谱）,而在像平面上则看到正交光栅的放大像,如图15-4所示。

（7）若在F面上设小孔光阑,只让中心光点通过,观察输出面上的图像,并从频谱角度解释实验图像。

（8）用方向滤波器作为空间滤波器放在F面上,狭缝处于竖直方位时,观察P屏上实验图像。把狭缝转到水平方向观察P屏上图像的变化并加以解释。

（9）再将方向滤波器转45°,此时观察到像平面上图像是怎样的?

（10）改变频谱结构,像的结构也随之改变。试从二维傅里叶变换说明透镜后焦面上二维点阵的物理意义,并解释以上改变光阑所得出的实验结果。

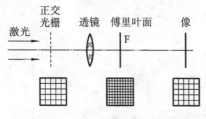

图 15-4　阿贝成像原理实验光路

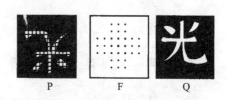

图 15-5　网格字成像放大图

3. 空间滤波实验

前述实验中狭缝起的是方向滤波器的作用,可以滤去图像中某个方向的结构,而圆孔可作为低通滤波器,滤去图像中的高频成分,只让低频成分通过。

由无线电传真所得到的照片是由许多有规律排列的像元所组成的,如果用放大镜仔细观察,就可看到这些像元的结构,能否去掉这些分立的像元而获得原来的图像呢? 由于像元比像要小得多,它具有更高的空间频率,因而这就成为一个高频滤波的问题。下面的实验可以显示这样一种空间滤波的可能性。

（1）图15-3所示的光路中用网格字替换正交光栅,观察频谱和像。以扩展后的平行激光光束照明物体,用透镜 L_3 将此物成像于较远处的屏上,物使用带有网格的网格字（中央透光的"光"字和细网格的叠加）,则在屏P上出现清晰的放大像,能看清字及其网格结构,如图15-5所示。由于网格为周期性的空间函数,它们的频谱是有规律排列的分立的点阵,而字迹是一个非周期性的低频信号,它的频谱就是连续的。

（2）将一个可变圆孔光阑放在傅里叶面上,逐步缩小光阑,直到除了光轴上一个光点以外,其他分立光点均被挡住,此时像上不再有网格,但字迹仍然保留下来。试从空间滤波的概念上解释上述现象。

（3）把小圆孔移到中央以外的亮点上，在屏 P 上仍能看到不带网格的"光"字，只是较暗淡一些，这说明当物为"光"与网格的乘积时，其傅里叶谱是"光"的谱与网格的谱的卷积，因此每个亮点周围都是"光"的谱，再作傅里叶变换就还原成"光"字，演示了傅里叶变换的乘积定理。

五、注意事项

（1）激光光束亮度极高，严禁用眼睛直视从激光器发出的细激光光束，以免损伤眼睛。

（2）严禁拆卸激光器上的导线夹和激光电源，以免被高压击伤或损坏激光器。

（3）实验中使用的透镜等光学元件的表面严禁用手触摸，以免损坏光学元件。

（4）实验时光学元件及支架要轻拿轻放，严禁在不释放磁力阀的情况下在台面上拖动。

六、思考题

（1）在频谱面上观察到的是光强还是复振幅？

（2）直接用眼睛或照相机观察或记录，能够区分平行光照明时衍射屏是否位于变换透镜的前焦面吗？

（3）信息光学中我们学过光学空间滤波时常采用 $4f$ 系统，它有什么突出优点？我们的实验为什么不采用 $4f$ 系统的光路？是否可以总结出一些我们实验所选择光路的优点？

（4）如何用阿贝成像原理来理解显微镜或望远镜的分辨率受限制的原因？能不能用增加放大率的办法来提高其分辨率？

实验 16　θ 调制空间假彩色编码

一张黑白图像有相应的灰度分布，人眼对灰度的识别能力是不高的，最多只有 20 个层次。但是人眼对色度的识别能力却很高，可以分辨数十种乃至上百种色彩。若能将图像的灰度分布转化为彩色分布，势必大大提高人们分辨图像的能力，这项技术称为光学图像的假彩色编码。假彩色编码方法有若干种，按其性质可分为等空间频率假彩色编码和等密度假彩色编码两类；按其处理方法则可分为相干光处理和白光处理两类。等空间频率假彩色编码是对图像的不同的空间频率赋予不同的颜色，从而使图像按空间频率的不同显示不同的色彩；等密度假彩色编码则是对图像的不同灰度赋予不同的颜色。前者用以突出图像的结构差异，后者则用来突出图像的灰度差异，以提高对黑白图像的视判读能力。黑白图片的假彩色化已在遥感、生物医学和气象等领域的图像处理中得到了广泛的应用。

一、实验目的

（1）掌握 θ 调制假彩色编码的原理。

（2）巩固和加深对光栅衍射基本理论的理解。

（3）通过实验，利用一张二维黑白图像获得假彩色编码图像。

二、实验仪器

白色点光源(如溴钨灯、钨卤素灯);准直透镜;傅里叶透镜;马赫-曾德干涉仪;扩束镜;θ 片;干板架;频谱架;白屏等。

三、实验原理

θ 调制技术是阿贝成像原理的一种巧妙应用,它将原始像变换成为按一定角度的光栅调制像,将该调制像置于 $4f$ 系统中用白光照明,并进行适当的空间滤波处理,实现假彩色编码得到彩色的输出像。

对于一幅图像的不同区域分别用取向不同(方位角 θ 不同)的光栅预先进行调制,经多次曝光和显影、定影等处理后制成透明胶片,并将其放入光学信息处理 $4f$ 系统中的输入面,用白光照明,则在其频谱面上不同方位的频谱均呈彩虹颜色。如果在频谱面上开一些小孔,则在不同的方位角上,小孔可选取不同颜色的谱,最后在信息处理系统的输出面上便得到所需的彩色图像。由于这种编码方法是利用不同方位的光栅对图像不同空间部位进行调制来实现的,故称为 θ 调制空间假彩色编码。具体编码过程如下。

1. 被调制物

物的样品如图 16-1 所示。若要使其中草地、天安门和天空 3 个区域呈现 3 种不同的颜色,则可在一胶片上曝光 3 次,每次只曝光其中一个区域(其他区域被挡住),并在其上覆盖某取向的光栅,3 次曝光分别取 3 个不同取向的光栅,如图 16-1(a)中线条所示。将这样获得的调制片经显影、定影处理后,置于光学信息处理 $4f$ 系统的输入平面 P_0,用平行白光照明,并进行适当的空间滤波处理。

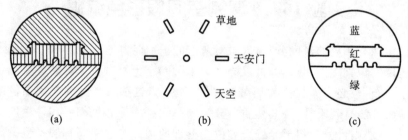

图 16-1　被调制物示意图

2. 空间滤波

用 $4f$ 系统进行空间滤波,如图 16-2 所示。

由于物被不同取向的光栅所调制,所以在频谱面上得到的将是取向不同的带状谱(均与其光栅栅线垂直),物的 3 个不同区域的信息分布在 3 个不同的方向上,互不干扰,当用白光照明时,各级频谱呈现出的是色散的彩带,由中心向外按波长从短到长的顺序排列。在频谱面上选用一个带通滤波器,实际是一个被穿了孔的光屏或不透明纸。

θ 调制所用的物是图 16-1(a)中的天安门图案,一个空间频率为 $100 \ \mathrm{mm}^{-1}$ 的正弦光栅。其中天安门用条纹竖直的光栅制作,天空用条纹左倾 $60°$ 的光栅,地面用条纹右倾 $60°$ 的光栅制作。因此在频谱面上得到的是三个取向不同的正弦光栅的衍射斑,如图 16-1(b)所示。由

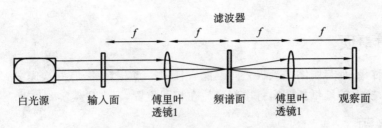

图 16-2 θ 调制空间假彩色编码光路

于用白光照明和光栅的色散作用,除 0 级保持为白色外,±1 级衍射斑展开为彩色带,蓝色靠近中心,红色在外。在 0 级斑点位置、条纹竖直的光栅±1 级衍射带的红色部分、条纹左倾光栅±1 级衍射带的蓝色部分以及条纹右倾光栅±1 级衍射带的绿色部分分别打孔进行空间滤波。然后在像平面上将得到蓝色天空下、绿色草地上的红色天安门图案,如图 16-1(c)所示。

如果带孔的光屏挡住去水平方向的频谱点,则背景的图像消失;如果挡住去另一方向的频谱点,则对应的那部分图像就会消失。因此,在代表草地、天安门和天空信息的右斜、左斜和水平方向的频谱带上分别在红色、绿色和黄色位置打孔,使这 3 种颜色的谱通过,其余颜色的谱均被挡住,则在系统的输出面就会得到红花、绿叶、茎和黄背景效果的彩色图像。很明显,θ 调制空间假彩色编码就是通过 θ 调制处理手段,"提取"白光中所包含的彩色,再"赋予"图像而形成的。

四、实验内容

观察 θ 调制空间编码效果。本实验中所采用被调制图像为天安门。天空、天安门及草地分别由三个不同方向的光栅所组成。

(1)设计一个二维图形,如图 16-1(a)所示,做三块尺寸完全一样的硬纸板,按同样的相对位置分别画上二维图形。在第一块硬纸板上将天空部分雕空,在第二块纸板上将天安门部分雕空,在第三块纸板上将草地部分雕空。

(2)用马赫-曾德干涉仪,使两束平行光在干板的位置发生干涉。在两束光重叠处放可调方位干板架。将全息干板装在干板架上,使其药面对光,将第一块硬纸板插在干板之前曝光一次(约几秒);取下第一块硬纸板换上第二块硬纸板,并将第二块硬纸板和干板架一起旋转60°,再曝光一次;取下第二块硬纸板换上第三块硬纸板,将第三块硬纸板和干板架一起继续旋转60°,第三次曝光。每次曝光时间相同,每张硬纸板和干板的相对位置一致。

(3)将三次曝光的干板在暗室进行常规的显影、定影、水洗、晾干处理,得到一张由三个不同方向光栅组成的二维图像,称为 θ 调制片。

(4)用白光再现编码图像,实验光路(4f 系统)如图 16-2 所示。白光光源经准直后获得平行光,以照明4f系统。首先,将制得的 θ 调制片置入4f系统的输入平面 P_1 上,在输出观察面 P_3 上放置毛玻璃观察,如果光路调整正确,将在毛玻璃上呈现出清晰的像。然后在频谱面上放一张不透光白纸屏,可看到其上有 3 组彩色谱点。根据预想的各部分图案所需要的颜色,在白纸屏上扎小孔,在天安门对应的一组谱点中,让这组频谱的红光通过,在草地对应的一组谱点中让绿光通过,天空对应的频谱中让蓝光通过。再在输出观察面 P_3 上观看经编码得到的假彩色像。显然,假彩色像的颜色可以通过在频谱面上不同颜色对应的谱点部分扎孔来实现,并任意调色。

五、注意事项

编码拍摄时,干板与图案硬纸板之间不能有任何一点相对移动,三次曝光过程中,干板固定在同一位置,换上的硬纸板图案每次都应放在相同位置,否则导致实验失败。

六、思考题

(1)在 θ 调制实验中,物面上没有光栅处原是透明的,像面上相应的部位却是暗的,为什么? 如果要让这些部位也是亮的,该怎么办? 此时还能进行假彩色编码吗?

(2)用白光再现时,大部分光能向四周辐射损失掉,光能利用率低,再现亮度不大,可从哪些方面加以改进?

实验 17   全息资料存储

全息存储是 20 世纪 60 年代随着激光全息照相技术的发展而出现的一种高密度、大容量的信息存储技术。全息存储是在全息照相技术的基础上发展起来的。全息照相是由一路物光,一路参考光,在一定的夹角、一定的分光比满足相干条件情况下,经过曝光、显影、水洗、定影、水洗、晾干等处理得到一张全息图。而这张全息图在未显影、定影之前,如果再改变物光、参考光的角度,相应地改变多种物体,可以得到多张全息照片。全息存储正是利用这一特点,把物光、参考光缩小成为"点",再改变角度,即在一个小点上,改变几个角度就能记录多个物体信息,使得存储量剧增。全息存储被认为是最具有潜力能与传统的磁盘和光盘存储技术相竞争,成为当前大容量、高密度光电技术领域的研究热点。本实验介绍利用光学全息进行信息存储的实验原理。

一、实验目的

(1)掌握傅里叶变换全息图用于资料存储的原理及光路。
(2)学会拍摄傅里叶变换全息图,以及观察其再现图像。
(3)了解全息资料存储实验中对光路中各元件的要求。

二、实验仪器

光学平台;He-Ne 激光器;曝光定时器;薄透镜;反射镜;光电开关;分束镜;显微物镜;全息干板;安全灯;直尺;细线;小白屏;待存储的图文;普通干板架。

三、实验原理

1. 傅里叶变换全息图实现全息存储

由于全息术是一种包括记录和再现的两步成像技术,只要将这两步过程以空间信号的形式写入和读出,全息图就成为一个图文资料的存储器。全息存储技术分为有透镜的傅里叶变换全息存储和无透镜的傅里叶变换全息存储两种。

先简单介绍一种利用无透镜傅里叶变换全息术实现全息资料存储的方法。所谓无透镜傅里叶变换全息术是指有一定尺寸的物与全息图之间为有限距离,但不用傅里叶变换透镜,而将参考点光源与物放在同一平面内,虽然物的衍射波是菲涅耳衍射,然而获得的干涉条纹却是被调制的杨氏干涉条纹,将这些干涉条纹拍摄成全息图。

本实验实际采用的是有透镜的傅里叶变换全息图实现全息存储。由现代光学原理可知,透镜具有傅里叶变换性质,当字符片置于透镜的前焦面上时,在透镜的后焦面上就得到物光波的傅里叶变换频谱,形成谱点,其线径约为 1 mm。如果再引入参考光到频谱面上与之干涉,便可在该平面记录下物光波的傅里叶变换全息图。其基本原理如图 17-1 所示。He-Ne 激光器发出的激光光束经分束镜 BS 分成两束,一束作为物体的照明光(物光 O),另一束作为参考光 R。物光经过全反射镜 M_1 反射,经扩束镜 L_0 扩束,然后通过准直透镜 L_c 准直后,照明待存储的图像或文字(物)P,P 放在透镜 L 的物方焦面上,经图文资料衍射的光波由透镜 L 做傅里叶变换,到达记录介质 H(透镜 L 的后焦面处)。参考光经过反射镜 M_2 后,到达全息干板 H 处,并与到达 H 物光相干涉,形成傅里叶变换点全息图。

拍摄成功后,挡住物光,当我们用与原参考光光束方向一致的再现光束照射这个点时,便能再现出原来的成像光束,从而在像上得到原字符片的再现象。

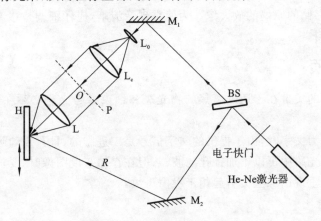

图 17-1　全息资料存储记录光路

M_1、M_2—反射镜;BS—分束镜;L_0—显微物镜;L—透镜;L_c—准直透镜;H—全息干板;P—输入平面

2. 大容量全息信息存储的记录方式

在全息存储中,既要考虑高的存储密度,又要使重现像可以分离,互不干扰,实验中可采用空间分离多重记录实现大容量全息存储的实现。

空间分离多重记录,把待存储的图文信息单独地记录在乳胶层一个个微小面积元上,然后空间不重叠地移动全息图片,于是记录下了另一个点全息图,如此不断移位,便实现了信息的点阵式多重记录。信息的读取是通过改变再现光入射点的位置来实现的。

全息存储的信息容量比磁盘的高几个数量级,而体全息存储的存储密度又比平面全息图的大得多,用平面全息图存储信息时,理论存储密度一般可达 10^6 b/mm²,而体全息图的存储

密度可高达 10^{13} b/mm^2。

四、实验内容

(1)布置实验光路。按图 17-1 选择适当的光学部件布置实验光路。显微物镜 L$_0$ 与准直透镜 L$_c$ 构成共焦系统,准直透镜 L$_c$ 与变换透镜 L 的口径要适当选大些,使其通过的光束直径略大于待存储资料的对角线。为了充分利用光能,L$_c$ 和 L 还应选用相对孔径大的透镜。为了便于记录全息存储点阵,全息干板 H 应安装在沿竖直和水平方向都可移动的移位器上。调整光路时,应先把 H 放在 L 后焦面上,然后向后移动造成一定离焦量(离焦量大小为 5%～10%),离焦的目的在于使物光束在 H 上的光强分布均匀,从而避免造成记录的非线性。

(2)调整参考光,使它与物光到干板位置的光程相等,参考光束 R 的光轴与物光束的光轴在 H 上应相交,中心对准,两者的夹角控制在 30°～45°。还应使参考光斑与物光斑在 H 上重合,参考光斑直径应大于选定的点全息图直径,以便全部覆盖整个物光斑。

(3)记录全息图点阵,按照上述光路布置,选适当曝光时间曝光。每沿竖直或水平方向移动干板适当距离(如 3～5 mm)曝光一次,记录一个点全息图。

(4)把已曝光的全息干板进行显影、定影、漂白和烘干处理,得到高密度存储全息图。

(5)重现。将处理后的全息图片放回干板架,挡住物光束,用原参考光束作为重现光束,逐一移动干板架使参考光束照明每个点全息图,在全息图片后面一定位置用毛玻璃即可接收到各个点全息图中所存储的原稿的放大像。为使重现像清晰,应仔细调整移位器,使重现光束准确覆盖整个点全息图。

五、注意事项

(1)本实验成败的关键在于适度离焦的物光斑和细束参考光斑必须在 H 面上重合,否则不能获得干涉效应。

(2)当存储资料为文字时,由于提供的文字信号是二进制的,且只需勾画出字迹即可,因此对光路的要求不高,光路中可以不加针孔滤波器;但在存储灰度图像时,要求加针孔滤波器,且光路必须洁净,否则重现图像上会引起相干噪声斑纹。

六、思考题

(1)为什么全息图像存储要在全息台上用 4f 系统?
(2)能否用白光实现全息图像存储?为什么?
(3)全息图像存储有什么用途?

实验 18　全息光栅的制作

光栅是一种重要的分光元件,在实际中被广泛应用。许多光学元件,如单色仪、摄谱仪、光谱仪等都用光栅作分光元件;与刻划光栅相比,全息光栅具有杂散光少、分辨率高、适用光谱范围宽、有效孔径大、生产效率高,成本低等突出优点。

一、实验目的

(1)了解全息光栅的原理。

(2)掌握制作全息光栅的常用光路和调整方法。

(3)掌握制作全息光栅的方法。

二、实验仪器

He-Ne 激光器;扩束镜;准直镜;分束镜;全反射镜;全息干板;带旋转微调的干板架;读数显微镜;暗室设备一套(显影液、定影液、安全灯等)。

三、实验原理

1. 全息光栅

当参考光波和物光波都是点光源且与全息干板对称放置时,可以在干板上形成平行直条纹图形,这便是全息光栅。采用线性曝光可以得到正弦振幅型全息光栅。从光的波动性出发,以光自身的干涉进行成像,并且利用全息照相的办法成像制作全息光栅,这是本节的内容。

2. 光栅制作原理与光栅频率的控制

用全息方法制作光栅,实际上就是拍摄一张相干的两束平行光波产生的干涉条纹的照相底片,当波长为 λ 的两束平行光以夹角 α 交叠时,在其干涉场中放置一块全息干板,经曝光、显影、定影、漂白等处理,就得到一块全息光栅,如图 18-1 所示。相邻干涉条纹之间的距离即为光栅的空间周期 d (实验中常称为光栅常数)。

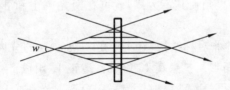

图 18-1　全息光栅制作原理示意图

有多种光路可以制作全息光栅,其共同特点是:①将入射细光束分束后形成两个点光源,经准直后形成两束平面波;②采用对称光路,可方便地得到等光程,如图 18-2 和图 18-3 所示。

图 18-2 采用马赫-曾德干涉仪光路,它是由两块分束镜(半反半透镜)和两块全反射镜组成,四个反射面接近互相平行,中心光路构成一个平行四边形。从激光器出射的光束经过扩束镜 L 及准直透镜 L_c,形成一束宽度合适的平行光束。这束平行光射入分束镜之后分为两束:一束由分束镜 BS_1 反射后到达反射镜 M_1,经过其再次反射并透过另一个分束镜 BS_2,这是第一束光(Ⅰ);另一束透过分束镜 BS_1,经反射镜 M_2 及分束镜 BS_2 两次反射后射出,这是第二束光(Ⅱ)。在分束镜 BS_2 前方两束光的重叠区域放上屏。若Ⅰ、Ⅱ两束光严格平行,则在屏幕不出现干涉条纹;若两束光在水平方向有一个交角,那么在屏幕的竖直方向出现干涉条纹,而且两束光交角越大,干涉条纹越密。当条纹太密时,必须用显微镜才能观察得到。在屏平面所在处放上全息感光干板,记录下干涉条纹,这就是一块全息光栅。

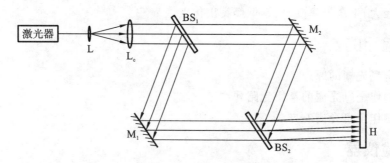

图 18-2　全息光栅制作实验四边形光路图

L—针孔滤波器或扩束器；L_c—准直透镜；BS_1、BS_2—分束镜；M_1、M_2—反射镜；H—全息干板

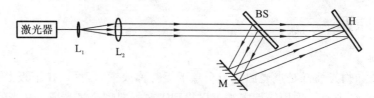

图 18-3　全息光栅制作实验三角形光路图

为了保证干涉条纹质量，两光束Ⅰ和Ⅱ需要严格水平于光学平台，可在图中最后一个分束镜后面两束光的重叠区内放一透镜，将屏移到透镜的后焦面。细调两块反射镜使两光束Ⅰ和Ⅱ在屏上的像点处于同一水平线上，这样光束Ⅰ、Ⅱ严格水平于平台。

然后，可转动两块反射镜或分束镜 BS_2 使两个像点重合。这时光束Ⅰ和光束Ⅱ处于重合状态，会聚角 $\omega = 0$，没有干涉条纹。撤去透镜后，微调两块反射镜或分束镜 BS_2 的水平调节旋钮，改变两光束Ⅰ、Ⅱ的会聚角使其不为零，就可在两光束Ⅰ和Ⅱ的重叠区看到较明显的干涉条纹。

图 18-3 所用光路是一种非对称结构，它主要由一块 50% 的分束镜 BS 和一块全反射镜 M 组成，中心光路构成一个三角形。扩束镜 L_1 和准直透镜 L_2 用以产生平行光。平行光射到 BS 上分成两束，一束光经过全反射镜 M 反射后与另一束透射光在全息干板 H 上相遇发生干涉，若在此处放上白屏，可在其上观察到干涉条纹，如果条纹太细可用显微镜来观察。干涉条纹为等距直条纹，用记录介质全息干板放在干涉场中经曝光、显影、定影等处理就得到全息光栅。

能准确地控制光栅常数（即光栅的空间频率），是光栅质量的重要指标之一。我们采用透镜成像的方法来控制光栅的空间频率。

如果图 18-2 中经分束镜 BS_2 射出的两相干光束Ⅰ、Ⅱ与面 P 水平法线的交角不相等，分别为 θ_1 和 θ_2，则 $\omega = \theta_1 + \theta_2$ 称为两束光的会聚角，如图 18-4 所示。

由杨氏干涉实验的计算得到两束光在面 P 形成的干涉条纹的间距为

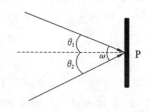

图 18-4　两束相干光会聚示意图

$$d = \frac{1}{\nu} = \frac{\lambda}{\sin\theta_1 + \sin\theta_2} = \frac{\lambda}{2\sin\left(\frac{\theta_1+\theta_2}{2}\right)\cos\left(\frac{\theta_1-\theta_2}{2}\right)} \tag{18-1}$$

式中：λ 为激光光束的波长，对于 He-Ne 激光器 $\lambda = 632.8$ nm。当 $\theta_1 = \theta_2$ 且 $(\theta_1 + \theta_2)/2 \ll 1$ 时，近似有

$$d \approx \frac{\lambda}{\omega} \tag{18-2}$$

在本实验中，由于两束光的会聚角 ω 不大，因此可以根据式（18-2）估算光栅的空间频率。具体办法是：把透镜 L 放在两束光 I、II 的重叠区，如图 18-5 所示。

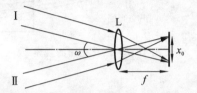

图 18-5　用透镜估算两束光的会聚角原理图

在透镜 L 的焦面上两束光会聚成两个亮点。若两个亮点的间距为 x_0，透镜 L 的焦距为 f，则有 $\omega \approx x_0/f$。由此式和式（18-2）可得：

$$d \approx f\lambda/x_0$$

从而得到正弦光栅的空间频率为

$$\nu = \frac{1}{d} = \frac{x_0}{f\lambda} \tag{18-3}$$

根据式（18-3），按需要制作的全息光栅对空间频率的要求，调整两光束 I、II 的方向，使之有合适的夹角。例如，要拍摄 100 线/mm 的全息光栅，$\nu = 100$ 线/mm，设所配备的透镜 L 的焦距 $f = 150$ mm，He-Ne 激光器激光波长 $\lambda = 0.63 \times 10^{-3}$ mm，根据式（18-3），有

$$x_0 = \lambda f\nu = 0.63 \times 10^{-3} \times 150 \times 100 \text{ mm} = 9.5 \text{ mm}$$

实验时把屏幕放在透镜 L 的后焦面上，根据两个亮点的间距，即可判断光栅的空间频率是否达到要求。可调节 I、II 两束光的方向，一直到 $x_0 = 9.5$ mm 为止。

由式（18-1），并参照图 18-4 和图 18-5，在实验中改变 I、II 两束光的方向从而改变光栅空间频率的途径有两种：一种是绕铅垂方向略微转动光路中的任一块反射镜或最后一块分束镜，从而改变 θ_2，使得干涉条纹的间距 d 改变；另一种是绕铅垂方向旋转干板 P，这时在保持 $\omega = \theta_1 + \theta_2$ 不变的条件下将使 $\theta_1 - \theta_2$ 改变，从而改变了 d，也即改变了空间频率 ν。在本实验中，因干板架无旋转微调装置，所以采用第一种办法。

以上方法制作的是最简单的一维光栅，图 18-6 是其观察示意图。

3. 正交光栅

在一维光栅制作的基础上，只需要对干板进行两次曝光就可以制作两维光栅。这两次曝光分别是让干板水平放置和垂直放置，所用光路及拍摄方法与全息光栅的基本相同，是在马赫-曾德干涉仪上拍制。只是曝光一次后，将全息干板旋转 90°再曝光一次，这样就使两个相互垂直的光栅拍在一块干板上，这就是正交光栅。图 18-7 是正交光栅的观察示意图。

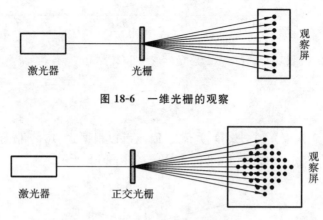

图 18-6　一维光栅的观察

图 18-7　正交光栅的观察

4. 复合光栅

复合光栅是用全息方法在同一干板上拍摄到的两个栅线平行但空间频率稍有差别的光栅,采用二次曝光法来制作。

第一次曝光拍摄空间频率为 ν 的光栅,然后保持光栅栅线方向,仅改变光栅的空间频率,在同一张全息干板上进行第二次曝光,拍摄空间频率为 ν_0 的光栅。

如果两个光栅的栅线方向严格平行,则复合光栅将出现莫尔条纹,其空间频率 $\Delta\nu$ 是 ν_1 和 ν_2 的差频,即 $\Delta\nu = \nu_2 - \nu_1$。例如,若 $\nu_1 = 100$ 线/mm,$\nu_2 = 102$ 线/mm 或 98 线/mm,则莫尔条纹的空间频率 $\Delta\nu = \nu_2 - \nu_1 = 2$ 线/mm。这种复合光栅可在典型实验——光学微分实验中使用。

本实验中复合光栅仍然可以在马赫-曾德干涉仪上拍制。具体方法是先拍一个 100 线/mm 的光栅,然后保持干板不动,改变任何一个反射镜或最后一个分束镜在水平方向的转角。

四、实验步骤

(1)把全部器件按图 18-8 所示的顺序摆放在平台上,图中的序号对应的元件如表 18-1 所示。点亮激光器,调节激光器输出的光束与平台面平行,并调节各光学元件表面与激光光束的主光线垂直。

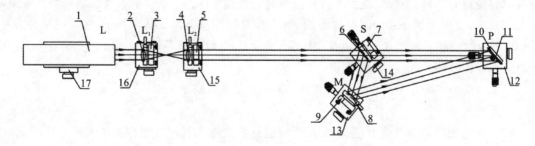

图 18-8　全息光栅制作仪器实物图

表 18-1　实验装置图中的序号说明

1:He-Ne 激光器 L(632.8 nm)	2:二维架(SZ-07)
3:扩束器 L_1(f=4.5 mm)	4:二维架(SZ-07)
5:准直透镜 L_2(f=225 mm)	6:分光镜 BS(半透半反镜)
7:二维架(SZ-07)	8:全息干板
9:二维干板架(SZ-12A)	10:通用底座(SZ-04)
11:一维调座(SZ-03)	12:二维调整架(SZ-07)
13:通用底座(SZ-04)	14:平面反射镜 M
15:二维底座(SZ-02)	16:三维底座(SZ-01)
17:二维底座(SZ-02)	

(2)调节分出的两光束,使其到达 P(此时的 P 可用白屏代替)时的光程差相等。

(3)根据光栅常数 $d = \lambda/[2\sin(\theta/2)]$,求出 ν=100 线/mm 时,θ 的大小。

(4)根据所求出的 θ,调节好 θ 的大小。

(5)用全息干板替换白屏,稳定 1 min 后对全息干板曝光 2~3 s,然后显影约 2 min,定影 5 min,吹干后就可得到全息光栅(显影时间应依照显影液和定影液的浓度而定)。

(6)观察全息光栅的花样:用激光细束直接照射到所拍的全息光栅上,在光栅后面的白屏上观察到奇数个亮点。中间是 0 级,对称分布在 0 级两侧的分别是 ±1 级,±2,……。当用白光作为光源来照射全息光栅时,光栅能按波长大小把光分开,波长短的光衍射角小,如让光栅的衍射光通过透镜,在透镜的后焦面上可得到按波长大小排列的单色线条,这就是光栅光谱。

(7)一维光栅制作成功,那么正交光栅只需要对干板进行两次曝光就可以制作。

(8)按照光路图 18-2,调节马赫-曾德干涉光路制作复合光栅。

(9)按照设计的 $\nu_1 = 100$ 线/mm,$\nu_2 = 102$ 线/mm,根据 $x_0 = \lambda f \nu$ 计算出 x_{01} 和 x_{02}。

(10)在 H 处放置焦距为 f 的透镜 L,在 L 的焦面上放置白屏,从屏上可以观察到光束 I 和光束 II 形成的亮点。微调 BS_2 的旋转旋钮,使得两个亮点沿水平方向距离为 x_{01} 为止。

(11)撤去透镜 L,把白屏移到干涉区,用读数显微镜观察白屏上的干涉条纹,微调 BS_2 的俯仰旋钮,使干涉条纹垂直于工作平台。

(12)关闭光开关,取下白屏换上全息干板 H,设定 1 min 后进行曝光,曝光时间数秒钟。记录下 $\nu_1 = 100$ 线/mm 的光栅条纹。

(13)微调干板架支座的旋转按钮,使全息干板沿水平方向旋转一个角度,再次曝光,曝光时间与第一次的相同,记录下 $\nu_2 = 102$ 线/mm 时的光栅条纹。

(14)按常规进行显影、定影等暗室处理后得到复合光栅。

五、思考题

(1)试比较三角形干涉光路和马赫-曾德干涉光路的调节有哪些异同。

（2）计算出三角形干涉光路能制作光栅的空间频率范围。

（3）莫尔条纹是怎样形成的？一定要有两块实际光栅重叠在一起才能产生莫尔条纹吗？

（4）如果光栅的两个实像或两个虚像重叠，或者一个实际光栅和一个光栅像重叠，能产生莫尔条纹吗？

第四部分 激光原理与应用实验

这部分实验结合物理专业和光电类专业的主干课程"激光原理与技术"来开设。实验所用到的激光器从激光介质上来分,涉及气体激光器、固体激光器以及半导体激光器三个大类;从工作方式上来分,则既有连续激光器又有脉冲激光器。通过这几个实验,学生实际接触到这些激光器并通过各种调试和测量,将所学的理论知识与具体的仪器结合起来,一方面加深了对理论知识的理解,另一方面由于获得了第一手实验数据,对各种激光器的性能及光学参数有了比较深刻的印象,而这些是激光器应用所必需的。

实验 19　He-Ne 激光光束基模特征参数的测量以及光束准直

激光光束横向光斑大小和发散角是激光应用中的两个重要的特征参数。本实验介绍了这两个特征参数的测量方法,以及利用望远镜准直激光光束的方法。

一、实验目的

(1)理解基模激光光束横向光场高斯分布的特性及远场发散角的物理意义。

(2)掌握测量激光光束光斑大小和远场发散角的方法。

(3)掌握运用单透镜和望远镜系统对高斯光束的准直方法,理解准直倍率的物理意义。

二、实验仪器

He-Ne 激光器;光功率指示仪;硅光电池接收器;狭缝;光学实验导轨;小孔光阑;透镜;平面镜;光具座等。

三、实验原理

1. 基模高斯光束的腰斑半径 w_0、光斑半径 $w(z)$ 和远场发散角 θ_0

对于一个对称共焦腔,设共焦参数为 f,根据模式理论,基模光束的横向光场振幅 $E_{00}(r)$ 为高斯分布,如图 19-1 所示。束腰处

$$\left| E_{00}(r) \right| = C_{00} e^{\frac{r^2}{f\lambda/\pi}} \tag{19-1}$$

式中:C_{00} 为常数。

由式(19-1)可知,光斑中心 $r=0$ 处(轴线上),光场振幅达到最大值,随着 r 的增加,光场振幅将下降,当 $r = \sqrt{f\lambda/\pi}$ 时,振幅下降到最大值的 $1/e$。定义光斑半径为振幅下降到中心振

幅 1/e 的点离光斑中心的距离,则束腰处的光斑半径(腰斑半径)为

$$w_0 = \sqrt{\frac{f\lambda}{\pi}} \tag{19-2}$$

设束腰处为轴向坐标原点($z=0$),沿光轴方向,光斑半径 $w(z)$ 与 z 坐标的关系如图 19-2 所示。对应的函数表达式为

$$\frac{w^2(z)}{w_0^2} - \frac{z^2}{f^2} = 1 \tag{19-3}$$

远场发散角 θ_0 定义为双曲线两条渐近线之间的夹角,即

$$\theta_0 = \lim_{z \to \infty} \frac{2w(z)}{z} = \lim_{z \to \infty} \frac{2w_0 \sqrt{1 + z^2/f^2}}{z} = \frac{2w_0}{f} = 2\sqrt{\frac{\lambda}{f\pi}} \tag{19-4}$$

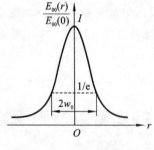

图 19-1　横向光场分布

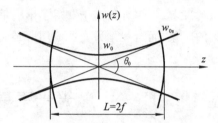

图 19-2　光斑半径 $w(z)$

对一般的稳定球面腔,设左腔镜曲率半径为 R_1,右腔镜曲率半径为 R_2,腔长为 L。根据模式理论,稳定球面腔和对称共焦腔之间存在等价关系(二者存在相同的模式),且有

$$\begin{cases} z_1 = \dfrac{L(R_2 - L)}{(L - R_1) + (L - R_2)} \\[2mm] z_2 = \dfrac{-L(R_1 - L)}{(L - R_1) + (L - R_2)} \\[2mm] f^2 = \dfrac{L(R_1 - L)(R_2 - L)(R_1 + R_2 - L)}{[(R_1 - L) + (R_2 - L)]^2} \end{cases} \tag{19-5}$$

式中:坐标原点($z=0$)在束腰处;z_1 为左腔镜的轴向坐标;z_2 为右腔镜的轴向坐标,f 为与该稳定球面腔等价的对称共焦腔的共焦参数。将稳定球面腔的几何参数(R_1,R_2,L)代入式(19-5),即可求出共焦参数 f,且根据左腔镜的轴向坐标 z_1 或右腔镜的轴向坐标 z_2 就可以反推出束腰位置。然后再利用式(19-2)求得 w_0 的理论值,利用式(19-4)求得 θ_0 的理论值。

2. 发散角 θ_0 的测量方法

实验所用的激光器是外腔式平凹腔 He-Ne 激光器,平面镜封装在氦氖气体放电管内,腔长 L 可以通过改变凹面镜位置调节。当光斑距离束腰处足够远时,θ_0 的测量公式为

$$\theta_0 = \frac{2w(z)}{z} \tag{19-6}$$

为了使测量比较准确,采用反射光路增加光路长度。测量装置如图 19-3 所示。狭缝后面缝固定了一个硅光电池,硅光电池则连接在光功率计上用以测量通过狭缝的光功率。这里,只要测出了狭缝处的光斑直径和狭缝处的 z 坐标,即可利用式(19-6)计算发散角。

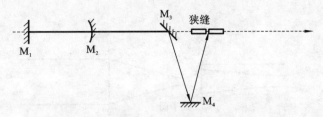

图 19-3　测量光路

利用可移动的狭缝装置测量光斑直径。当硅光电池感光面比较小（远小于光斑）时，通过硅光电池测得的光功率正比于接收处的光强，而光强大小为振幅的平方。那么，光功率计示数可以反映狭缝处硅光电池的振幅。

将光斑对准狭缝，不能偏上或偏下。转动狭缝光具座上的手轮使狭缝连同其后面的硅光电池一起沿光斑直径方向作微移，手轮转动一圈（50 小格），狭缝平移 0.5 mm。先使狭缝从左至右对光斑扫描一次，读出扫描过程中光功率计的最大值。再使狭缝从左至右对光斑扫描一次，找到光功率下降到最大值的 e^{-2}（$e^{-2} = 0.1353$）处对应的狭缝坐标（左右各一个），由手轮上的读数给出。两个坐标之差即为光斑直径。

狭缝平面 z 坐标的确定方法：待测激光器左腔镜为平面镜，$R_1 = \infty$，代入式（19-5）得到

$$
\begin{cases}
z_1 = 0 \\
z_2 = L \\
f = \sqrt{L(R_2 - L)}
\end{cases}
\tag{19-7}
$$

由式（19-7）可知，左腔镜所在处为轴向坐标原点，即束腰位置在左腔镜上。沿着光路测量从 M_1 到狭缝的距离，即狭缝处的 z 坐标。

3. 准直原理以及发散角测量方法

如果用单透镜对高斯光束进行准直，物高斯光束的束腰处在透镜的后焦面上时，像方光束发散角 θ'_0 达到最小。定义准直倍率 M 为物高斯光束发散角与像高斯光束发散角之比，即

$$
M = \frac{\theta_0}{\theta'_0}
\tag{19-8}
$$

由高斯光束的传输变换理论，可以求得单透镜对高斯光束的准直倍率为

$$
M = \frac{F}{f}
\tag{19-9}
$$

式中：F 为准直透镜的焦距；f 为物高斯光束的共焦参数，由式（19-7）给出。

由式（19-9）可知，当利用单透镜对高斯光束进行准直时，必须满足 $F > f$，且 F 越大准直效果越好。

如果用望远镜对高斯光束进行准直，物高斯光束的束腰应远离副镜（满足 $l \gg F_1$），使通过副镜后的腰斑处在副镜的前焦面上同时又处于主镜的后焦面上时，像方光束发散角 θ'_0 达到最小，如图 19-4 所示。由高斯光束的传输变换理论，可以求得望远镜对高斯光束的准直倍率为

$$
M = \frac{F_2}{F_1} \sqrt{1 + \left(\frac{l}{f}\right)^2}
\tag{19-10}
$$

式中：F_2 为望远镜的主镜焦距；F_1 为望远镜副镜焦距；l 为物高斯光束束腰到主镜的距离；f 为

物高斯光束的共焦参数。

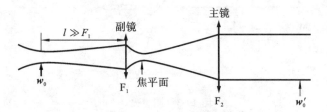

图 19-4　望远镜法准直光路

物高斯光束经过透镜变换后得到的像高斯光束的束腰不再处于谐振腔左腔镜（M_1）处。当不容易确定束腰位置（即坐标原点位置）时，根据发散角的定义，发散角可以由下式求得，即

$$\theta_0 = 2\frac{w(z_2) - w(z_1)}{z_2 - z_1} \tag{19-11}$$

只要分别测出沿光的传播方向上距离束腰较远的两个不同位置的光斑直径之差，再除以这两个光斑的距离，即可求得发散角。

四、实验内容

1. He-Ne 激光器的调节

He-Ne 激光器（激光器 1）的两个腔镜一个封装在气体放电管内，为平面镜；另一个为可以在位移台导轨上移动的凹面镜。当两个腔镜不共轴时，几何损耗增加将导致激光器无法起振。这里，利用辅助激光器（激光器 2）来调节 He-Ne 激光器两个腔镜的平行度，直至起振。调节装置如图 19-5 所示。

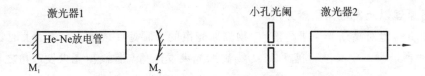

图 19-5　外腔式 He-Ne 激光器调节装置

打开辅助激光器（激光器 2）的电源，输出激光光束，调节其固定装置上的微调螺丝，微调输出光束方向，使输出光束通过小孔光阑正中心，目的是调节光轴与光学导轨平行。然后去掉 M_2，调节激光器 1 固定装置上的微调螺丝，微调 M_1 方向，使得从 M_1 反射回去的光束经过小孔光阑正中心。此时，M_1 镜应与光轴垂直。再放上 M_2，调节其光具座上的 2 颗微调螺丝，使从 M_2 反射回去的激光光束也通过小孔光阑正中心。此时，M_2 镜应与 M_1 镜共轴。打开激光器 1 的电源，此时激光器 1 应出光。若激光器 1 尚未出光，则说明 M_2 镜尚未与 M_1 共轴，但已接近共轴。此时，微调 M_2 镜方向，使 M_2 镜反射光斑围绕小孔光阑中心从上到下、从左到右逐点寻找共轴状态，直至激光器 1 出光为止。

2. 光斑直径与发散角的测量

按图 19-3 接好光路，将 M_4 固定在调节架上，使 M_4 与光束等高。微调 M_2 的方向，使激光器输出基模光束，其判断依据：圆斑，无节线。调节 M_4 的位置和方向，使经 M_4 反射后的光束正好投射到狭缝上,光斑的高度应使狭缝后的硅光电池能在光斑直径上移动。转动手轮,调节狭缝的位置,使其从光斑最左端移动至光斑最右端。在此过程中,功率计的示值呈现小—大—小的变化。观察光功率计上示数的变化并选择合适量程(量程选择依据是有效位数尽可能多且整个测量过程不需要更换量程)。此时关掉激光器电源,对光功率计进行调零。再打开激光器电源,调节狭缝位置,读出最大值 p_M,然后将最大值除以 e^2,即为光斑半径处的光功率 p_W,将此值记下。再一次转动手轮,调节狭缝的位置,使其从光斑最左端移动至光斑最右端,移动过程中读出光功率等于 p_W 时手轮显示的数值 $l_{左}$、$l_{右}$。光斑直径即为二者之差。重复测量三次,保证每次测量过程手轮朝同一方向旋转,避免回差的产生。取三次测量的平均值。

沿着光路测量从 M_1 到 M_3 的距离、M_3 到 M_4 的距离、M_4 到狭缝的距离,三个距离之和即为狭缝处的 z 坐标。

3. 分别利用单透镜和望远镜对基模光束进行准直,测量准直倍率

按图 19-6 接好光路,选择准直镜,使透镜焦距 F 同时大于物高斯光束的共焦参数 f 和激光器腔长。在 M_2、M_3 之间放置准直透镜,使透镜到 M_1 的距离刚好为透镜焦距,即将束腰放置在透镜后焦面上。按照内容 2 测量狭缝处光斑直径,并测量沿光的传播方向上狭缝到 M_3 的距离 L_1。改变 M_4 的位置拉长或缩短光路,将光斑对准狭缝,再次按照内容 2 测量狭缝处光斑直径,以及沿光的传播方向上狭缝到 M_3 的距离 L_2。L_2 与 L_1 之差即为这两个光斑的距离。

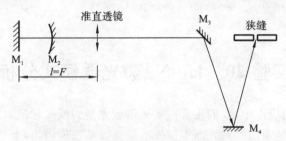

图 19-6 单透镜准直的发散角测量光路

按图 19-7 接好光路,在 M_2、M_3 之间放置望远镜系统,使束腰到副镜的距离 l 远大于副镜焦距 F_1。按照与单透镜准直相同的方法测量发散角。

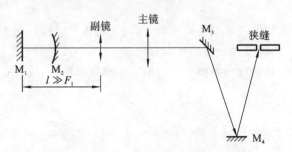

图 19-7 望远镜准直的发散角测量光路

五、数据处理

(1)自行设计表格,记录测量数据。

（2）根据测量公式(19-6)计算准直前基模光束的发散角，并与理论值进行比较。

（3）根据测量公式(19-11)分别计算两种准直方法得到的像高斯光束发散角，由公式(19-8)求准直倍率，并将实际测得的准直倍率与理论准直倍率进行比较。

六、注意事项

（1）在光路调节和测试过程中避免眼睛直视激光光束。

（2）在读取通过狭缝的光功率测量光斑直径的过程中，不能碰触 M_3 镜和 M_4 镜。一旦激光光斑的位置发生了改变，必须重新读取一组数据。

（3）该实验要求待测激光器泵浦功率和输出功率比较稳定。

七、思考题

（1）当投射到狭缝上的光斑比较小，光斑大小和硅光电池感光面积可以比拟时，利用平移狭缝法还能测量光斑大小和发散角吗？

（2）当光斑穿过狭缝时，光斑偏上或偏下，硅光电池不在光斑直径上移动时，发散角测量结果是偏大还是偏小？

（3）当光路比较短时，用该方法测量发散角，测量结果是偏大还是偏小？

实验 20　He-Ne 激光器模式分析

在激光器的制作与应用中，我们常常需要知道激光器的模式状况。如精密测量、全息技术等应用需要基横模输出，而稳频激光器不仅要求激光器基横模输出，而且要求单纵模运转。因此，模式分析一方面是激光器的一项基本且重要的性能测试，另一方面也是检验激光模式理论的重要手段。

一、实验目的

（1）了解激光器模式的形成机理及特点，加深对其物理概念的理解。

（2）通过测试分析，掌握模式分析的基本方法。

（3）了解实验使用的共焦球面扫描干涉仪的工作原理及性能，学会正确使用。

二、实验仪器

He-Ne 激光器；共焦球面扫描干涉仪；光学实验导轨；锯齿波发生器；示波器等。

三、实验原理

1. 激光器模式的形成与模式分析方法

激光器模式是指谐振腔中可能存在稳定的场分布，每一个模式具有特定的频率和特定的空间分布。光的纵模描述沿光的传播方向（轴向）上稳定的光场分布，在腔内沿轴向的稳定场

必然为驻波场。谐振腔的光学长度为纵模的半波长的整数倍,用公式表示为

$$2nL = q\lambda_q \tag{20-1}$$

式中:L 为腔长;n 为腔内介质折射率;q 称为纵模序数,是正整数,每一个 q 对应轴向一种稳定的电磁场分布,即一个 q 对应一个纵模;λ_q 即为纵模波长。

式(20-1)是光波相长干涉条件,即只有满足此条件的光波才能在谐振腔往返过程中获得增强,其他则互相抵消,谐振腔选纵模原理类似于 F-P 腔的光学滤波原理。纵模频率为

$$\nu_q = q\frac{c}{2nL} \tag{20-2}$$

相邻两个纵模的频率间隔为

$$\Delta\nu_{\Delta q=1} = \frac{c}{2nL} \tag{20-3}$$

光波在谐振腔内多次往返后在轴向形成由纵模模序 q 表征的不同稳定的场分布,在与光轴垂直的横截面上同样也形成各种不同的稳定分布,称为横模。横模的形成则是基于腔镜对光波一次次的衍射,由于衍射主要发生在镜的边沿处,经多次衍射后所形成的场分布,其边缘振幅与镜中心的比较往往很小。反过来,具有这种特征的场分布受衍射的影响也较小。在经过足够多次渡越后,横向上就形成分布不再受衍射影响的稳定场分布。不同的横模由横模阶次 m、n 来表征。图 20-1 是方形镜谐振腔中最低几阶横模单独存在时的光斑图样。可见,方形镜谐振腔模在横截面上的光斑沿 x 方向有 m 条节线,沿 y 方向有 n 条节线。

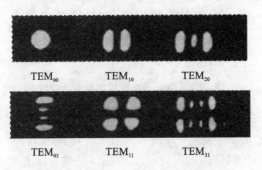

图 20-1　方形镜谐振腔常见光斑图样

同时考虑轴向上和横向上的光场分布后,光波模式写作 $\mathrm{TEM}_{m,n,q}$,由三个量子数 m、n、q 来区分。我们通常说的横模指某个光波模式 $\mathrm{TEM}_{m,n,q}$ 横向上的光场分布,纵模则指该模式在轴向上的光场分布。纵模和横模不过是对同一个光波模式在两个不同方向的观测结果分开称呼而已。由模式的衍射理论,方形镜稳定腔中模式 $\mathrm{TEM}_{m,n,q}$ 的频率为

$$\nu_{m,n,q} = \frac{c}{2nL}\left[q + \frac{1}{\pi}(m+n+1)\arccos\sqrt{\left(1-\frac{L}{R_1}\right)\left(1-\frac{L}{R_2}\right)}\right] \tag{20-4}$$

式中:R_1 和 R_2 分别为左、右腔镜的曲率半径。相邻横模之间的频率间隔为

$$\Delta\nu_{\Delta m+\Delta n=1} = \frac{c}{2nL}\left[\frac{1}{\pi}\arccos\sqrt{\left(1-\frac{L}{R_1}\right)\left(1-\frac{L}{R_2}\right)}\right] \tag{20-5}$$

相邻横模频率间隔与相邻纵模频率间隔的比值为

$$\frac{\Delta\nu_{\Delta m+\Delta n=1}}{\Delta\nu_{\Delta q=1}} = \frac{1}{\pi}\arccos\sqrt{\left(1-\frac{L}{R_1}\right)\left(1-\frac{L}{R_2}\right)} \tag{20-6}$$

　　光波在腔内往返振荡时,一方面激光介质对光有增益作用,使光不断增强;另一方面也存在着不可避免的多种损耗,使光强减弱。实际激光器中的起振模式不仅要满足由式(20-4)决定的频率条件,还需要满足小信号增益系数大于损耗系数的自激振荡条件,才能形成持续振荡,有激光输出。即

$$g^0(\nu) \geqslant \alpha \tag{20-7}$$

式中:g^0为小信号增益系数,是频率的函数;α为损耗系数,与频率无关。

　　谐振腔对模式的损耗包括几何损耗、散射损耗、镜面透射损耗、衍射损耗等。其中几何损耗和衍射损耗是选择性损耗,对不同的横模损耗不一样,横模阶次越高损耗越大。所以在激光器里,通常只有阶次最低的几个高阶横模可以满足自激振荡条件,能够起振,而阶次比较高的高阶横模无法起振被抑制掉。综上所述,激光器中实际存在的模式数量是有限的,只有在振荡带宽(由增益系数大于损耗系数决定的带宽)内的模式才能起振,如图 20-2 所示。

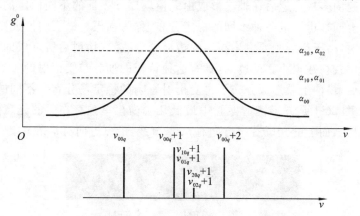

图 20-2　激光器起振模式频谱示意图

　　如图 20-2 所示,纵模频率相同且横模阶次 $m+n$ 相同的模式频率是简并的。所以阶数 m 和 n 的确定仅从频谱图上是不够的,因为频谱图上只能看到几个不同的 $m+n$,然而不同的 m 和 n 可对应相同的 $m+n$,在频谱图上对应的频率是相同的。因此要确定 m 和 n,还需结合激光器输出的光斑图形进行。当我们对光斑进行观察时,看到的是全部横模的叠加图(即图20-1中一个或几个单一态图形的组合)。当只有一个横模时,很易辨认。如果横模个数比较多,或基横模很强,掩盖了其他横模,或者高阶模太弱,都会给分辨带来一定的难度。但由于有频谱图,知道横模的个数及彼此强度上的大致关系,就可缩小考虑的范围,从而能准确地确定每个横模的 m 和 n。

　　综上所述,模式分析的内容,就是要测量和分析出激光器所具有的纵模个数、纵模频率间隔、横模个数、横模频率间隔、每个模的 m 和 n 的阶次。

2. 共焦球面扫描干涉仪

　　共焦球面扫描干涉仪是一种分辨率很高的分光仪器,已成为激光技术中一种重要的测量设备。本实验正是通过它将彼此频率差异甚小(几十至几百兆赫兹),用眼睛和一般光谱仪器都分不清的各个不同纵模、不同横模展现成频谱图来进行观测的。在本实验中,它起着关键作用。

共焦球面扫描干涉仪是一个无源谐振腔,由两块球形凹面反射镜构成共焦腔,即两块球形凹面反射镜的曲率半径和腔长相等。反射镜镀有高反射膜,两块镜中的一块是固定不变的,另一块固定在可随外加电压而变化的压电陶瓷环上,如图 20-3 所示。图中,①为由低膨胀系数制成的间隔圈,用以保持两块球形凹面反射镜总是处在共焦状态。②为压电陶瓷环,其特性是若在环的内外壁上加一定数值的电压,环的长度将随之发生变化,而且长度的变化量与外加电压的幅度呈线性关系。由于长度的变化量很小,仅为波长数量级,它不会改变腔的共焦状态。当连续改变压电陶瓷环上的电压时,共焦球面扫描干涉仪的透过峰在波域内或频域内连续扫描,下面对其工作原理进行详细描述。

当一束激光以傍轴方向射入共焦球面扫描干涉仪后,在共焦腔中经四次反射呈 X 形后闭合,光程近似为 $4l$,如图 20-4 所示,光在腔内每走一个周期都会有部分光从镜面透射出去,如在 A、B 点,分别形成一束束透射光 $1,2,3,\cdots$ 和 $1',2',3',\cdots$,这时在压电陶瓷上加一线性电压,当外加电压使腔长变化到某一长度 l,正好使相邻两次透射光束的光程差是某个模式的波长 λ 的整数倍时,该模式将产生相长干涉而产生极大透射,其他波长的模式的透过率则急剧下降。即共焦球面扫描干涉仪的透过率曲线为一梳状滤波曲线,透过峰对应的波长满足

$$4l = k\lambda, \quad k = 1,2,3,\cdots \tag{20-8}$$

式中:k 称为干涉序数。对同一个 k,透过峰波长与腔长有一一对应关系,当外加电压使腔长随电压线性变化时,就可以使透过峰的波长在波域上朝一个方向连续移动,形成波域(或频域)扫描。

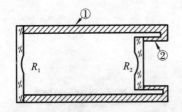

图 20-3 共焦球面扫描干涉仪结构

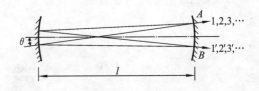

图 20-4 共焦球面扫描干涉仪

值得注意的是,当入射光波长超过某一范围时,一个确定的腔长有可能使几个不同波长的模同时产生相干极大,造成重序。例如,腔长满足式(20-9)时,当波长为 λ_d 的模式发生相长干涉而被透出时,波长为 λ_a 的模式再次出现相长干涉也被透出。

$$4l_d = k\lambda_d = (k+1)\lambda_a, \quad k = 1,2,3,\cdots \tag{20-9}$$

即 k 序中的 λ_d 和 $k+1$ 序中的 λ_a 同时满足干涉相长条件,两个不同的模被同时扫出,叠加在一起。所以扫描干涉仪存在一个不重序的波长范围。自由光谱范围(F. S. R.)是指共焦球面扫描干涉仪所能扫出的不重序的最大波长差或者频率差,用 $\Delta\lambda_{\mathrm{F.S.R}}$ 或者 $\Delta\nu_{\mathrm{F.S.R}}$ 表示。如上例中 $\lambda_d - \lambda_a$ 即为此干涉仪的自由光谱范围值。由于 λ_d 与 λ_a 相差很小,可共用 λ 近似表示,则有

$$\Delta\lambda_{\mathrm{F.S.R}} = \lambda_d - \lambda_a = \lambda^2/(4l) \tag{20-10}$$

用频率表示,即为

$$\Delta\nu_{\mathrm{F.S.R}} = c/(4l) \tag{20-11}$$

在模式分析实验中,由于我们不希望出现式(20-9)中的重序现象,故选用共焦球面扫描干涉仪时,必须首先知道它的 $\Delta\nu_{\mathrm{F.S.R}}$ 和待测激光器频率范围 $\Delta\nu$,并确保 $\Delta\nu_{\mathrm{F.S.R}} > \Delta\nu$,才能保证在

频谱图上不重序,腔长与模式的波长或频率是一一对应关系。本实验所选共焦球面扫描干涉仪腔长为 2 cm,$\Delta\nu_{F.S.R}$ 为 3.75 GHz。

　　对自由光谱范围也可以这样理解,由式(20-8),对同一个光波模式(λ 一定),当腔长增加 $\lambda/4$ 时干涉序数 k 增加 1,即该模式被再一次扫出,故自由光谱范围即腔长变化量为 $\lambda/4$ 时所对应的扫描范围。物理解释为:当腔长增加 $\lambda/4$ 时光波完成一次 X 形往返对应的光程差的增量正好等于 λ,干涉序数改变量为 1。那么,当满足 $\Delta\nu_{F.S.R} > \Delta\nu$ 后,如果外加电压足够大,使腔长的变化量是 $\lambda/4$ 的 i 倍时,将会扫描出 i 个干涉序,激光器的所有模将周期性地重复出现在干涉序 $k,k+1,\cdots,k+i$ 中,如图 20-5 所示(图中只画出了基横模)。

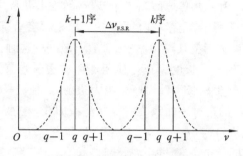

图 20-5　多个干涉序示意图

四、实验内容

　　(1)按照 20-6 所示的装置图来安装元件,打开导轨上的总开关,打开激光器的开关,点燃激光器。

图 20-6　实验仪器安装图

1—接收器,与示波器相连接;2—共焦球面扫描干涉仪,与锯齿波发生器相连接;3—He-Ne 激光器

　　(2)调整光路,首先使激光光束从光阑小孔通过,调整共焦球面扫描干涉仪上下、左右位置,使光束垂直入射孔中心,再细调共焦球面扫描干涉仪支架上的两个方位螺丝,以使从共焦球面扫描干涉仪腔镜反射出的最亮光点回到光阑小孔的中心附近(注意不要穿过光阑小孔入射激光器),这时表明入射光束和共焦球面扫描干涉仪的光轴基本重合。将接收器对准共焦球面扫描干涉仪的输出端。

　　(3)观察示波器上展现的频谱图,进一步细调干涉仪的方位螺丝,使谱线尽量强。

　　(4)改变锯齿波输出电压的峰值,观察示波器上干涉序数目的变化。电压的峰值越高,出现的干涉序的数目越多。将峰值调节到某一值,能看到容易分辨的两个干涉序即可,确定哪些模属于同一 k 序。

(5)根据自由光谱范围的定义对示波器的横轴进行定标。测量分属两个相邻的 k 序的同一个模式所对应的间隔,记为 N 个小格,用自由光谱范围对应的频率值除以小格数 N,代表每一小格对应的频率间隔。

(6)在同一干涉序 k 中观测,对照频谱特征,确定纵模的个数,并测出相邻纵模在显示器上的间隔,记为 M 小格。对照频谱特征,确定横模阶次 $m+n$ 有哪几种取值,并测出相邻横模在显示器上的间隔,记为 S 小格。则纵模频率间隔 $\Delta\nu_{\Delta q=1}$,横模频率间隔 $\Delta\nu_{\Delta m+\Delta n=1}$ 可以分别由式(20-11)和式(20-12)求得

$$\Delta\nu_{\Delta q=1} = \frac{M}{N}\Delta\nu_{F.S.R} \tag{20-12}$$

$$\Delta\nu_{\Delta m+\Delta n=1} = \frac{S}{N}\Delta\nu_{F.S.R} \tag{20-13}$$

(7)确定横轴频率增加的方向,以便确定在同一 q 纵模序中哪个模是高阶横模,哪个模是低阶横模,以及它们之间的强度关系。

(8)用白屏在远处接收激光,这时看到的应是所有横模的叠加图,根据前面对 $m+n$ 的判断,再结合图 20-1 中单一横模的形状加以辨认,以便确定每个横模的阶次 m、n。

五、数据处理

(1)根据测量结果计算纵模频率间隔 $\Delta\nu_{\Delta q=1}$,横模频率间隔 $\Delta\nu_{\Delta m+\Delta n=1}$,并与理论值比较,计算误差。

(2)根据示波器上显示的模谱作出模谱图,结合模式分析的结果在各个模式上标明横模阶次 m、n。

六、注意事项

(1)共焦球面扫描干涉仪是精密仪器,一定要注意防尘、防震。实验中要轻拿轻放,在做完实验后要小心保管。

(2)由于实验环境存在的振动等因素对激光器腔长以及共焦球面扫描干涉仪的腔长都会存在微扰,示波器上显示的模谱会存在比较明显的抖动,影响观测。采用数字存储示波器进行测量可以适当减小误差。

七、思考题

(1)当加在共焦球面扫描干涉仪压电陶瓷上的电压增加时,腔长缩短。那么当加载正向锯齿波电压时,沿示波器横轴频率是增加还是减小? 干涉序是增加还是减小?

(2)当扫描干涉仪自由谱宽与激光器的频率范围不满足 $\Delta\nu_{F.S.R} > \Delta\nu$ 时,能否用该方法进行模式分析?

实验 21　半导体激光器光学特性测试

由于半导体激光器波长范围宽、响应快、效率高、超小型且成本低,除了应用于光纤通信系统以外,其应用范围覆盖了整个光电子学领域,形成了广阔的市场并极大地推动了信息光电子技术的发展。本实验介绍了半导体激光器的基本原理及几个主要光学参数的测量方法。通过实际动手测量,学生将对常见的异质结半导体激光器的主要光学性能(如阈值电流、量子效率、发散角、偏振度)有更具体和深刻的印象。

一、实验目的

(1)学习半导体激光器的工作原理。
(2)通过实验了解半导体激光器的光学特性,包括阈值电流、量子效率、发散角及偏振度。
(3)熟悉光学多通道分析仪的使用方法,观察半导体激光器的光谱。

二、实验仪器

半导体激光器及可调电源;WGD-6 光学多通道分析仪;可旋转偏振片;旋转台;多功能光学升降台;光功率指示仪等。

三、实验原理

1. 半导体激光器(LD)基本原理

对于直接带隙半导体,在热平衡状态下,电子基本上处于价带中,如图 21-1 所示。半导体介质对光辐射只有吸收而没有放大作用,但当电流注入结区时,热平衡状态被破坏,如图 21-2 所示,电子处于导带中能量为 E_2 的状态的几率 $f_c(E)$ 为

$$f_c = \frac{1}{e^{(E_2 - E_{FC})/(kT)} + 1} \tag{21-1}$$

电子处于价带中能量为 E_1 的状态的几率 $f_v(E)$ 为

$$f_v = \frac{1}{e^{(E_1 - E_{FV})/(kT)} + 1} \tag{21-2}$$

E_{FC} 和 E_{FV} 分别是导带和价带的准费米能级,为了在结区中心有源区内得到受激辐射,要求导带中的电子数大于价带中的电子数,即 $f_c > f_v$,有

$$E_{FC} - E_{FV} \geqslant E_2 - E_1 = h\nu \tag{21-3}$$

该式表明,集居数反转的条件是非平衡电子和空穴的准费米能级之差应大于受激辐射的光子能量(伯纳德-杜拉福格条件)。也就是说,注入电流必须使导带和价带的准费米能级之差大于带隙 E_g,在这个条件下半导体中可产生受激辐射放大。

式(21-3)只是提出了产生激光的必要条件,要实际获得相干受激辐射,必须将增益介质置于光学谐振腔内,实现光的反馈。常见的 LD 是利用半导体材料的两个解理面构成部分反射的 F-P 腔,理论上沿 z 方向形成纵模分布。而 DFB-LD(分布反馈半导体激光器)和 DBR-LD

（分布布拉格反射半导体激光器）则是由内含布拉格光栅的半导体来实现选择性反馈。

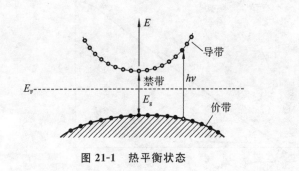

图 21-1　热平衡状态　　　　　　　　　　图 21-2　集居数反转状态

2. 半导体激光器光学特性

（1）半导体激光器的阈值条件。

光波模的起振条件为该模式的光波在半导体激光器内沿轴向往返一周获得的增益大于或等于该模式经受的损耗。临界起振对应的泵浦电流即为阈值电流。

可以观察到当半导体激光器加正向偏置电压并导通时，器件不会立即出现激光振荡。注入电流较小时发射光大多为自发辐射（荧光），光谱线宽在数十纳米数量级。随着注入电流的增加，结区大量粒子数反转，发射更多的光子。当电流超过阈值时，光波的单程增益大于单程损耗，受激辐射光占绝对优势。通过观察光功率对激励电流曲线（P-I 曲线）上斜率的急速突变可以判断激光的产生，P-I 曲线抬头点对应的电流就是半导体激光器的阈值电流。影响阈值电流的几个主要因素如下：

①半导体的掺杂浓度越大，阈值电流越小。

②谐振腔的损耗越小，掺杂电流越小（如增加腔的反射率）。

③与半导体材料结型有关。双异质结的 LD 掺杂电流最小，异质结的次之，同质结的最大。

④温度越高，阈值越高。100 K 以上，阈值电流随温度的三次方增加。所以 LD 最好在低温和常温下工作。

阈值电流（I_{th}）的测量方法是通过测量功率-电流曲线（P-I 曲线）找阈值点对应的电流。图 21-3 为某半导体激光器的 P-I 特性示意图，实线为 P-I 曲线，点划线是对 P-I 关系一次求导的结果，短划线是对 P-I 关系二次求导的结果。对于阈值点的判断方法有以下四种：

①在 P-I 曲线的快速上升段取线性部分的延长线与横坐标相交，交点为阈值点（a 点）。

②把荧光段和激光段分别近似看作两条直线，两条直线的交点为阈值点（b 点）。

③在 dP/dI 曲线上取上升沿的中点（10%～90% 的中点）为阈值点（c 点）。

④ d^2P/dI^2 曲线的顶点为阈值点（d 点）。

（2）电光转换效率。

电光转换效率的定义通常有以下两种。

①外微分量子效率。

$$\eta_d = \frac{(P - P_{th})/h\nu}{(I - I_{th})/e} \approx \frac{\mathrm{d}P/h\nu}{\mathrm{d}I/e} \tag{21-4}$$

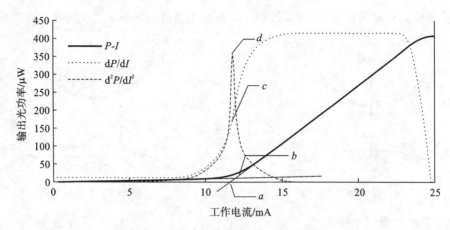

图 21-3　半导体激光器 *P-I* 特性示意图

式中：P_{th} 为阈值振荡时对应的输出功率；dP/dI 为线性段斜率。外微分量子效率指的是半导体激光器起振后，每增加一个注入电子所激发出的光子数。由于各种损耗，目前的双异质结器件在室温下 η_d 可达 10%。

②功率效率。

$$\eta_P = \frac{激光器辐射的光功率}{激光器消耗的电功率} \approx \frac{P}{IV} \tag{21-5}$$

LD 起振后，在 *P-I* 曲线的线性段任意取两点，有

$$\frac{P_2 - P_{th}}{I_2 - I_{th}} = \frac{P_1 - P_{th}}{I_1 - I_{th}} \tag{21-6}$$

由于 $P_{th} \ll P_1, P_2$，近似有

$$\frac{P_2}{I_2 - I_{th}} = \frac{P_1}{I_1 - I_{th}} \tag{21-7}$$

而注入电流不可能特别大（太大会将半导体激光器烧坏），即注入电流与 I_{th} 可比拟。对同一个半导体激光器，不满足 $P_2/I_2 = P_1/I_1$。即取不同的测试点，计算出的功率效率差异较大。所以，用外微分量子效率来表示 LD 的电光转换效率更直接。半导体激光器的电光转换效率高于气体和固体激光器。

（3）发散角和偏振度。

半导体激光器的谐振腔具有介质波导的结构，所以在谐振腔中光波以模的形式存在，某个横模对应于一定的横向电场分布。横模经端面出射后形成辐射场。辐射场沿平行于结平面方向和垂直于结平面方向分为侧横场和正横场。

辐射场的发射角与谐振腔的几何尺寸密切相关，谐振腔横向尺寸越小，辐射场发射角越大。由于谐振腔平行于结平面方向的宽度大于垂直于结平面方向的厚度，所以侧横场发散角小于正横场发散角。正横场发散角可近似表示为 $\theta \approx \lambda/d$，其中 d 为共振腔厚度。谐振腔厚度通常只有 $1\ \mu m$ 左右，和波长同量级，所以正横场发射角较大，一般为 $30° \sim 40°$。LD 的远场发散角两个方向上均远远大于气体激光器和固体激光器的远场发射角。

半导体激光器谐振腔端面一般是晶体的解理面，对常用的 GaAs 异质结激光器，GaAs 晶面对 TE 模的反射率大于对 TM 模的反射率。因而谐振腔对 TE 模的损耗小于对 TM 模的损

耗。TE 模的阈值增益低,TE 模首先产生受激辐射,反过来又抑制了 TM 模;另一方面构成半导体激光器谐振腔的波导层一般都很薄,这一层越薄对偏振方向垂直于波导层的 TM 模吸收越大。这就使得 TE 模更容易产生受激发射。因此半导体激光器输出的激光偏振度很高。

偏振度计算公式

$$p = \frac{I_{//} - I_{\perp}}{I_{//} + I_{\perp}} > 90\% \tag{21-8}$$

(4)纵模特性与光谱。

激光二极管端面的光反馈导致腔内建立单个或多个纵模。它类似于法布里-珀罗干涉仪的平行镜面。当平行面之间为半波长的整数倍时,在激光器内形成驻波,即

$$q = \frac{2nL}{\lambda_0}, \quad q = 1,2,3,\cdots \tag{21-9}$$

式中:L 为两端面之间的距离;n 为激光器材料的折射率;λ_0 为真空中的波长;q 为纵模序数。则有

$$\frac{\mathrm{d}q}{\mathrm{d}\lambda_0} = -\frac{2nL}{\lambda_0^2} + \frac{2L}{\lambda_0}\frac{\mathrm{d}n}{\mathrm{d}\lambda_0}, \quad q = 1,2,3,\cdots \tag{21-10}$$

纵模的间隔为

$$\Delta\lambda_{0,\Delta q=1} = \frac{\lambda_0^2}{2L\left(n - \lambda_0\frac{\mathrm{d}n}{\mathrm{d}\lambda_0}\right)} \tag{21-11}$$

半导体激光器通常同时存在几个纵模,其波长接近自发辐射峰值波长。

四、实验内容

1. 半导体激光器的 $P\text{-}I$ 特性及阈值电流、外微分量子效率的测定

调节半导体激光器的准直透镜,把光耦合进光功率指示仪的接收器,用光功率指示仪读出半导体激光的输出功率。将半导体激光器注入电流从零逐渐增加,先肉眼观察半导体激光器输出功率的变化,估计阈值电流的大概范围。再一次将半导体激光器注入电流从零逐渐增加到 40 mA,在增加过程中取 20 个测量点,在预估的阈值点附近密集取 10 个点左右。重复三次,将测量数据填入表 21-1 中,求三次测量平均功率,并作出 $P\text{-}I$ 曲线。用前面介绍的四种方法中的两种确定阈值点,方法(1)、(2)中选一种,方法(3)、(4)中选一种。阈值点对应的电流即阈值电流。根据作出的 $P\text{-}I$ 曲线求线性段的斜率,根据式(21-4)计算外微分量子效率。

2. 半导体激光器的发散角测定

逐渐提高注入电流使半导体激光器输出激光。将半导体激光器置于旋转台中心,去掉准直透镜,使半导体激光器的光发散,用白屏接收光斑进行观察。转动激光器使椭圆形光斑的长轴平行于旋转台面。光功率指示仪探头安装在旋转台的支架座上,支架座连同探头可绕台面旋转。当探头处于不同角度时,记下光功率指示仪所测到的输出值。取 10 个测量点,将结果填入表 21-2 中。作出输出功率随角度变化的曲线,根据曲线得到正横场发散角。将半导体激光器旋转 90°,用同样的方法测量侧横场发散角。

3. 半导体激光器的偏振度测量

将半导体激光器(连同准直透镜)置于旋转台上,光功率探头安装在旋转台的支架座上,调

整探头高度和方位使光功率计读数最大。此时,拧紧旋转台下方螺丝固定住探头支架座使之不可旋转。将偏振片安装在能绕光轴旋转的支架上,然后安装在旋转台的支架座上。逐渐提高注入电流使半导体激光器输出激光。调节偏振片高度,使光束完全通过。调节偏振片的角度,观察半导体激光器的输出光功率,读出最大值和最小值,分别对应于 $I_{//}$ 和 $I_{\perp}$,根据式(21-8)计算偏振度。

4. 半导体激光器的光谱特性测试

没有定标前,光学多通道分析仪工作界面上显示的横坐标是扫描点数,而非波长值。用标准光谱对光学多通道分析仪进行定标后,横坐标为波长值。将氢灯(或其他光源)发出的光耦合进光学多通道分析仪的狭缝。测出氢灯的谱线(在可见光波段,光学多通道分析仪可以分辨其中 4 条),利用其中至少两根(如 658 nm 的谱线和 487.5 nm 的谱线)来进行定标。

将半导体激光器(连同准直透镜)、衰减滤光片和聚光透镜分别固定在调节支架上(半导体激光器要求角度可调,聚光透镜要求角度和横向方位均可调节),然后将支架安装在滑动光具座上,使激光器发出的光束经衰减滤光片和聚光透镜耦合进光学多通道分析仪的输入狭缝。

半导体激光器注入电流从零逐渐增加到 40 mA,观察显示器上测得的光谱曲线,读出光谱曲线陡然出现峰值时对应的注入电流,即为阈值电流,并与利用 P-I 曲线测得的阈值电流进行比较。将电流调到阈值电流以上,观察显示器上测得的光谱曲线,读出主峰中心波长。将主峰局部扩展,观察到若干小峰,对应于不同的纵模。测出纵模的波长间隔。

五、数据处理

(1)半导体激光器 P-I 特性的实验数据。

表 21-1　输出光功率-注入电流测量表格

电流 I /mA									
功率 P /μW	Ⅰ								
	Ⅱ								
	Ⅲ								
电流 I /mA									
功率 P /μW	Ⅰ								
	Ⅱ								
	Ⅲ								

(2)半导体激光器 P-I 特性的实验数据。

表 21-2　发散角测量表格

正横场	功率 P /μW							
	角度(xx°yy′)							
侧横场	功率 P /μW							
	角度(xx°yy′)							

六、注意事项

(1)半导体激光器不能承受电流或电压的突变,使用不当容易损坏。当电路接通时,半导体激光器的注入电流必须缓慢地上升,不要超过 40 mA,以防半导体激光器损坏。使用完毕,必须将半导体激光器的注入电流降回零。外围的大型设备的启动和关闭极易损坏半导体激光器,遇到这种情况时,应先将半导体激光器的注入电流降到零,然后再开关电器。

(2)静电感应对半导体激光器也有影响。当需要用手触摸半导体激光器外壳或电极时,手必须事先触摸金属一下。

(3)在测量半导体激光器的发散角和偏振度时,应将注入电流调制阈值电流(估计值)以上。

(4)为延长 CCD 使用寿命,调节光学多通道分析仪的狭缝时注意最大不超过 2 mm,做完实验后,狭缝最好关闭。

实验 22　Nd:YAG 脉冲激光器的调节与调 Q

物理学、化学、生物学、光电子学及激光光谱学等学科,为了对微观世界进行研究,揭示新的超快过程,要求获得超短激光脉冲。在另一些应用领域,如激光加工、激光武器、激光倍频混频等非线性光学研究领域,则要求高的峰值功率。调 Q 正是一种满足以上应用需求的成熟的超短脉冲技术,在压缩脉冲脉宽的同时大幅度提高峰值功率。通过该实验,学生将学习反射式调 Q 原理,并掌握 Nd:YAG 脉冲激光器的调节和电光调 Q 方法。

一、实验目的

(1)了解固体激光器的构造以及调节方法。
(2)理解脉冲反射式调 Q 激光器的工作原理,掌握电光开关调 Q 方法。

二、实验仪器

实验所需脉冲调 Q Nd:YAG 激光器总装图如图 22-1 所示(波长为 1064/532 nm,脉宽<30 ns,能量为 150 mJ,频率为 1/5/10 Hz)。

三、实验原理

1. 调 Q 激光器原理

普通的脉冲激光器存在弛豫振荡效应,在每一个激励周期内,输出一个连续的尖峰序列(序列的总宽度为脉宽)。而每一个尖峰都是在阈值附近发生,激光器输出的能量分散在这样一串小尖峰中,因而不能得到很高的峰值功率,如图 22-2 所示。其原因是反转集居数浓度 Δn 在腔中没有得到充分积累,当激励使得 Δn 超过阈值 Δn_t 时,受激辐射放大使得光子数密度 N 急剧增加,此时饱和效应使得 Δn 迅速下降,当 Δn 低于 Δn_t 后,光功率下降,输出一个尖峰。

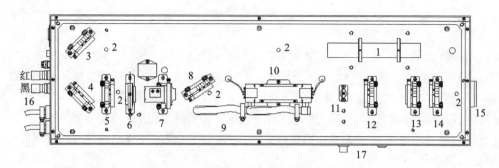

图 22-1　激光器总装图

1—He-Ne 激光器;2—光路调节定位孔;3,4—632.8 nm 全反镜(M₁和 M₂);5—1064 nm 全反镜(M₃);6—光阑;
7—DKDP-Q-开关;8—偏振片(M₄);9—耐压水管;10—激光腔;11—光闸;12—80％透射镜(1064 nm,M₅);
13—KTP 晶体;14—红外滤光片;15—出光孔;16—接口板;17—前面板

然后激励使得 Δn 增加,重复上述过程。也就是说,在普通脉冲激光器中,由于光和物质的相互作用,Δn 总是被钳制在 Δn_t 附近,这是普通脉冲激光器峰值功率不能提高的原因。另外,激光能量分散释放还导致输出脉宽较宽,无法满足某些应用需求。

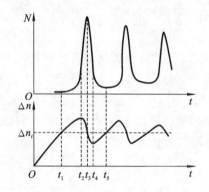

图 22-2　普通脉冲激光器的弛豫振荡效应

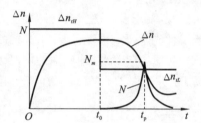

图 22-3　调 Q 激光器 Δn 积累过程

　　调 Q 是一种有效提高脉冲峰值功率同时减小脉宽的超短脉冲技术,调 Q 的方法有脉冲反射式调 Q、脉冲透射式调 Q 以及反射-透射式调 Q。下面以脉冲反射式调 Q 为例说明调 Q 的原理。

　　反射式调 Q 激光器与普通脉冲激光器的区别是能够将反转集居数浓度 Δn 进行充分积累。具体方法为:在一个泵浦周期的起始阶段,将激光器的振荡阈值调得很高,抑制激光振荡的产生,这样反转集居数浓度 Δn 就会积累得很高,当 Δn 积累到一定程度时,再突然把阈值调到很低(t_0时刻),此时,积累到上能级的大量粒子便雪崩似的跃迁到低能级,在极短的时间内将能量释放出来,就获得峰值极高的巨脉冲输出,如图 22-3 所示。激光器的阈值 Δn_t 正比于单程损耗 δ,因此改变阈值可通过改变损耗来实现,把这种通过调节损耗来获得高峰值功率的方法称为调 Q。

　　Q 值为谐振腔的品质因素,定义为

$$Q = 2\pi\nu_0\left(\frac{\text{腔内存储的能量}}{\text{每秒损耗的能量}}\right) \tag{22-1}$$

用 W 表示腔内存储的能量,则光在一个单程中损耗的能量为 δW。设腔内介质折射率为 n,光在腔内走一单程的时间为 $\eta L/c$,那么,腔内每秒损耗的能量为 $\delta Wc/(\eta L)$。Q 值可表示为

$$Q = 2\pi\nu_0 \frac{W}{\delta Wc/(\eta L)} = \frac{2\pi nL}{\delta\lambda_0} \tag{22-2}$$

由式(22-2)可知,Q 值与单程损耗 δ 成反比,调损耗就是调 Q。一开始,在高损耗、低 Q 值状态下,无法形成激光振荡,上能级积累粒子,工作物质存储能量;然后,损耗突然降低,Q 值突然升高,形成激光振荡,工作物质存储的能量转换为光能,通过激光巨脉冲输出,如图 22-4 所示。

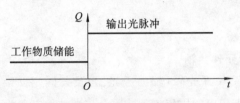

图 22-4 Q 值与能量转换关系

2. 电光开关调 Q 原理

电光晶体加电压后,电光晶体由单轴晶体变成双轴晶体,设 x' 轴、y' 轴分别为它的快慢轴。根据电光晶体的纵向光电效应,当电光晶体的 z 轴和光轴一致时,若入射光为线偏光,则出射光的合振动为

$$\frac{E_{x'}^2}{A_1^2} + \frac{E_{y'}^2}{A_2^2} - \frac{2E_{x'}E_{y'}}{A_1 A_2}\cos\Delta\varphi = \sin^2\Delta\varphi \tag{22-3}$$

式中:A_1、A_2 分别为入射线偏光沿 x' 轴、y' 轴方向分振动的振幅;$\Delta\varphi$ 为两个分振动之间的相位差,与外加电压成正比。

当外加电压使 $\Delta\varphi = \pi/2$ 时(称此电压为 $V_{\lambda/4}$),则光束往返一次到达偏振片时,两个方向的相位差 $\Delta\varphi = \pi$,此时有

$$E_{y'} = -(A_2/A_1)E_{x'} \tag{22-4}$$

若使电光晶体 x' 轴或 y' 轴与入射线偏光偏振方向成 $45°$,则 $A_1 = A_2$,即入射前

$$E_{y'} = E_{x'} \tag{22-5}$$

往返一次后变成

$$E_{y'} = -E_{x'} \tag{22-6}$$

即线偏振光的偏振方向在往返经过电光晶体后偏转了 $90°$。

在谐振腔中放置偏振片和电光晶体,使电光晶体的 z 轴和光轴一致,如图 22-5(a)所示。光束经过偏振片后变成线偏振光。旋转电光晶体并使电光晶体的快慢轴与入射线偏光的偏正方向成 $45°$。在电光晶体上加上 $V_{\lambda/4}$,光束往返一次到达偏振片时,$E_{x'}$ 与 $E_{y'}$ 之间的附加相位延迟为 π。偏振方向偏转了 $90°$,与偏振片的偏振化方向垂直,无法通过,如图 22-5(b)所示。此时谐振腔损耗很大,处于低 Q 状态,激光器不能振荡,Δn 不断增加。当 Δn 积累到一定程度时,撤去电光晶体上的电压,使谐振腔突变到低损耗、高 Q 状态,形成巨脉冲激光。

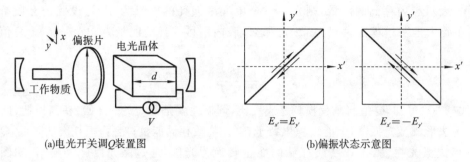

(a)电光开关调Q装置图　　　　　　　　　　　(b)偏振状态示意图

图 22-5　电光开关调 Q 原理

四、实验内容

1. 激光器安装，调光学元件共轴

(1)参照总装图，将 He-Ne 激光管(辅助激光器)及各固定支架置于底板上。将 M_1、M_2、M_3、M_4、M_5 各光学元件置于相应的固定支架内，M_4 与光轴的夹角为 33.5°。

(2)打开 He-Ne 激光器并调节 M_1、M_2，使光轴平行于底板，且通过各光学元件(M_2、M_3、M_4、M_5)中心，并与 YAG 激光腔等高。判断方法为：

①M_3、M_5 处光斑高度与 YAG 激光管光瞳中心高度保持一致；

②M_1、M_2 的反射光与入射光重合。

(3)调整 M_4 与其他光学元件基本共轴，方法为：调节 M_4 垂直方向旋钮，使 M_4 反射光在远处的高度与近处高度一致。

(4)放置 YAG 激光腔，调节腔镜 M_3、M_5，使它们共轴且光轴通过固体激光介质。调节方法为：

①先去掉 M_3，只保留 M_1、M_2、M_4、M_5；

②调 M_1、M_2，使得光束进入 YAG 激光腔光瞳中心；

③调 M_5，使 M_5 上的反射光进入 YAG 激光腔光瞳中心；

④将 M_3 装上，使 M_3 上的反射光斑进入 YAG 激光腔光瞳中心。

2. 调试脉冲激光

(1)将电源面板的 Q 状态选择为静态(按下 OFF 按钮)，晶压调节电位器回零位。将面板的充电电位器调节至零位，时统选择调至内时统，确认预燃开关和工作开关处于弹开位置。顺时针旋转电钥匙，接通电源，水泵工作，表头有指示。

(2)(5 分钟后)按下预燃开关(SIMMER 按钮)，泵浦源氙灯被电离，面板上预燃(SIMMER)指示灯亮，表明预燃成功；按下时统选择，选泵浦频率(如 1 Hz)，频率(FREQ)指示灯亮，闪烁；按下工作开关(WORK)后，调节充电电位器(ADJ)增加输出电压之所需值(700 V)，氙灯应出光。

(3)将黑色相纸置于激光器输出口处，微调 M_5，并观察相纸，直到出现炭化斑，并伴有响声，脉冲激光产生。用功率探头(或能量计)接收激光，微调 M_5、M_4，使斑点圆均匀，响声达到最大，同时能量显示值最大。至此脉冲激光器调好。

3. 调试 Q 激光

（1）静态状态（电光开关一直处于开门状态）：Q 状态设置为静态（按下 OFF 按钮），使氙灯暂停发光（弹出 WORK 按钮），处于预燃状态。在激光出口处放置能量计。放置电光晶体（DKDP 晶体），并将晶体上标注的 x 晶轴位置与支架刻度盘上的"0"重合。微调晶体支架上的 x、y 位移旋钮，确保辅助红光光斑垂直晶体通光面并由中心通过。开启氙灯（按下 WORK 按钮），轻轻绕光轴转动电光晶体，同时调节固定架上的 x、y 位移旋钮。在激光出射口处放置黑色相纸，当相纸出现焦化，并伴有响声时，表明电光开关为开门，激光器起振，电光晶体的快慢轴和入射线偏光偏振方向已接近 $45°$。

（2）动态状态（电光开关处于开门、关门不断转换状态）：Q 状态设置为动态（按下 ON 按钮）。调节"晶压调节"电位器使晶体外加电压升高至 $V_{\lambda/4}$（约 3700 V）。调节关门状态的维持时间，即图 22-3 中的 t_0（调 DELAY 旋钮，顺时针旋转），将 t_0 预调到 240 μs。对电光开关进行精确调整，微调电光晶体支架上的 x、y 位移旋钮和 M_3 支架上的 x、y 位移旋钮，微旋电光晶体，微调"晶压调节"电位器，同时用黑色相纸观察激光器输出的动态激光。最终要使激光留在相纸上的焦化斑形状圆且亮度均匀，响声达到最大，而且要清脆。当出现以上现象时，可以按下 HV 按钮观察电光晶体处于关门状态下（持续加 $V_{\lambda/4}$）激光的输出情况，这时能量计上的示值应该很小（低于 5 mJ）。重复以上步骤，使能量计的示值减小到零。这时就说明电光晶体在加压后能够完全抑制谐振腔里的激光振荡。将"晶压调节"电位器数值锁定。按下 ON 按钮返回动态状态，缓慢调节延时时间 DELAY 直至激光输出能量最强。将延时电位器数值锁定。锁定各光学元件固定支架。

五、注意事项

（1）开、关激光器操作规程。

①开激光器。

a. 顺时针旋转电钥匙，打开主电源，水泵工作，表头有指示。

b. 5 min 后按下预燃开关（SIMMER 按钮）：氙灯被电离，预燃继电器吸合，面板上预燃（SIMMER）指示灯亮，表明预燃成功。

c. 按下时统选择（如 1 Hz）：频率（FREQ）指示灯亮，闪烁。预燃成功后，主继电器吸合。

d. 按下工作开关（WORK）（灯处于工作状态）。

e. 调节充电电位器（ADJ）增加输出电压所需值（如数码块电压显示 700 V），氙灯应出光（一般情况下，氙灯工作电压应为其最高电压的 70%，可提高灯的寿命）。

f. 按下 ON 按钮，即接通电光晶体的高压电路，打动态激光。

②关机。

a. 按下 OFF 按钮，即关闭电光晶体高压电路。

b. 逆时针旋转电位器（ADJ）至 0 值（如数码块电压显示 000 V）。

c. 按工作开关（WORK）（灯退出工作状态）。

d. 按时统选择（如 1 Hz）。

e. 按预燃开关（SIMMER 按钮）。

f. 5 min 后，逆时针旋转电钥匙，关闭主电源。

（2）带上防护镜且不要直视激光光束。

（3）操作激光时不要戴手表、首饰等反射较强的饰物。

（4）保持光路高度在人的视线以下，弯腰、低头或拣地上的东西都是非常危险的。

实验 23　脉冲激光耦合及性能参数测量

世界上第一台激光器诞生于 1960 年，中国于 1961 年在中国科学院长春光机所研制出第一台激光器。50 多年来，激光技术与应用发展迅猛，已与多个学科相结合形成多个应用技术领域，比如光电技术、激光医疗与光子生物学、激光加工技术、激光检测与计量技术、激光全息技术、激光光谱分析技术、非线性光学、超快激光学、激光化学、量子光学、激光雷达、激光制导、激光分离同位素、激光可控核聚变、激光武器等。这些交叉技术与新学科的出现，大大地推动了传统产业和新兴产业的发展。然而激光与物质相互作用的机理十分复杂，其原因与物质特性的多样性、作用激光参数的多样化以及作用条件的多变性有关。其中与激光特性有关的参数（如激光波长、能量、功率、脉宽、脉冲结构、重复频率以及脉冲个数等）中任何一个参数的变化都会对激光与物质相互作用过程产生影响。此外，为提高激光与物质相互作用的可操作性，通常都会将激光耦合进光纤传输，这在激光微外科手术中最为普遍。本实验主要研究固体激光器输出激光耦合进大芯径光纤传输并通过相关仪器设备测量输出激光主要性能参数。

一、实验目的

（1）将自由运转近红外脉冲激光耦合进入大芯径光纤传输。

（2）测量脉冲激光能量、功率、脉冲宽度、重复频率等参数。

二、实验仪器

自由运转钬激光器；光纤固定支架；大芯径光纤；激光能量/功率计；示波器；红外凸透镜；红外光探测器等。

三、实验原理

1. 激光脉冲耦合进光纤传输原理

由于钬激光波长为 $2.1~\mu m$，水对其吸收系数约为 $30~cm^{-1}$，因此不能用普通的 K9 玻璃材料制作凸透镜聚焦钬激光脉冲。另外，作为增益介质的固体棒直径为 $10~mm$，激光器谐振腔端面输出的光斑直径约为 $8~mm$。选择直径 $20~mm$、焦距 $15~mm$ 的氟化钙材料制作的双凸透镜聚焦脉冲激光。低氢氧根的大芯径光纤（直径为 $200~\mu m$、$400~\mu m$、$600~\mu m$、$800~\mu m$）作为激光的传输介质，要将激光脉冲高效率地耦合进光纤，关键是调节光纤端面与凸透镜焦点重合，从而实现将激光脉冲耦合进大芯径光纤传输。

2. 激光主要性能参数测量原理

利用光电效应把光信息（光能）转变为电信息（电能）的各种器件称为光电探测器件。光电探测器的工作原理主要基于光辐射与物质相互作用所产生的光电效应和热电效应。固体的电学性质取决于固体中电子的运动状态,当光束入射到固体表面时,进入体内的光子如果直接与电子作用(吸收、动量传递等),引起电子运动状态的改变,则固体电学性质会随之而改变,这类现象称为固体的光电效应。如果物质的某些性质随入射光的加热作用引起的温度变化而变化,其特点是入射光与材料的晶格相互作用,晶格因吸收光能而增加振动能量,引起材料的温度上升,从而引起与温度有关的材料电学参量发生变化,这与光子能量直接转换给光电子的光电效应有本质不同。本实验利用光电效应测量自由运转钬激光脉冲宽度,利用热电效应测量自由运转钬激光脉冲能量/功率及工作频率。探测器的输出上升到稳定值或下降到照射前的值所需要的时间称为探测器的响应时间,为了准确探测激光脉冲宽度,探测器的响应时间应该在纳秒数量级。

四、实验内容

1. 激光器操作

首先开启循环制冷水机;待工作 10 min 左右后开启泵浦电源;设置电源参数(电压、脉宽、频率)后开启预燃;闭合电源开关,激光器开始出光;利用 CaF_2 透镜将激光脉冲耦合进光纤,可实现光纤传输激光;工作完成后断开电源开关,激光器停止出光;然后关闭泵浦电源预燃;关闭泵浦电源;最后关闭循环制冷水机。

2. 激光器关键部件

本实验所用的激光器关键部件电源前面板如图 23-1 所示。

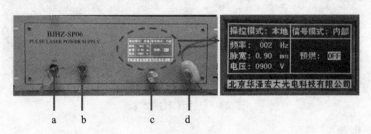

图 23-1　激光泵浦电源的前面板

图 23-1 所示的为激光泵浦电源的前面板(北京华泽宏大光电科技有限公司,型号 BJHZ-SP06)。图中所示按键由左至右依次为:a. 泵浦电源开关键;b. 紧急停止键;c. 电源参数调节键;d. 激光器开关键。由放大的参数面板可看出该泵浦电源有操控模式选择、信号模式选择、预燃选项,可调节参数有频率(1~50 Hz)、脉宽(0.2~2 ms)、电压(200~1000 V)。

图 23-2 所示的为激光泵浦电源的后面板,左端两根 a 为激光器电源线,连接激光器并为泵浦灯供电;右端 b 为泵浦电源电源线,用于泵浦电源供电。

图 23-3 为激光器系统结构图,由开放式谐振腔 a、激励物质 b、泵浦氙灯 d 组成。为了能长期稳定工作需要制冷,该装置采用循环水冷的方法,c 为水冷系统的入水管和出水管;e 为用于将脉冲激光耦合进光纤的 CaF_2 透镜;f 为石英光纤。

图 23-4 所示的为循环制冷水机,由压缩机、风扇、水箱组成,可设定预定温度。

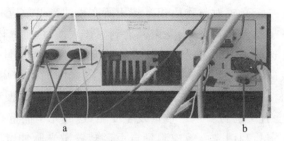

图 23-2　　激光泵浦电源的后面板

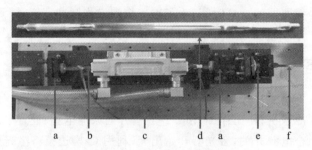

图 23-3　　激光器系统结构

图 23-4　　循环制冷水机

3. 激光耦合步骤

具体耦合步骤可以分为四步：第一步，取一薄刀片，低泵浦电压条件下聚焦激光脉冲打在刀口上，向各个方向溅射出小火星，刀口放置在光纤端面旁边，这样可以比较出焦点相对光纤端面的位置。第二步，如果焦点和端面位置相差较大，可通过调节固定光纤的二维调节器来调节光纤在水平方向（x 轴）和竖直方向（y 轴）的位置。第三步，为了确定最佳的激光耦合效率，开启激光器正常工作于 1 Hz，在低泵浦电压条件下输出较低能量的激光脉冲，光纤另一输出端面下端可放置一片未曝光的相纸（对热量极其敏感），光纤输出的每一个激光脉冲均打在相纸上并形成一个光斑。第四步，细微调节二维调节器来控制光纤端面在水平方向和竖直方向上微变化，当发现激光打出的光斑最显著时，相纸碳化最严重，这表明激光耦合效率达到最大，焦点恰好位于光纤端面上，然后固定二维调节器上的调节螺丝，这样光纤端面就始终位于透镜焦点上且耦合效率最高。相纸上形成的光斑如图 23-5 所示。

4. 激光主要性能参数测试

测试激光的能量/功率的实验装置如图 23-6 所示。钬激光器输出激光耦合进入 800 μm

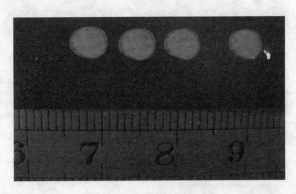

图 23-5　600 μm 芯径光纤耦合激光后在相纸上形成的光斑图

芯径的光纤传输,光纤另一输出端面与光探测器间距约 2 cm,避免较强激光对探测器(PE50BF-C)端面的损伤,探测到的能量/功率数据由数据软件采集,同时由光功率能量计(以色列 Ophir 公司)附带表头(NOVA Ⅱ)动态实时显示。数据采集软件可动态显示激光能量/功率随时间变化关系曲线,也可以 txt 文件保存采集的数据。为了锻炼学生运用数据软件处理实验数据的能力,可用 Origin8.0 软件对保存的数据文件进行必要的处理。为防止激光热效应对探头影响,连续测试时间最好在 10 s 内,激光工作频率通常不超过 5 Hz。距离光功率能量计探头 5 cm 处,以一定角度放置一个光电探测器(PV-3,波兰 Vigo 公司),探测探头端面部分反射光信号,光电转换后的电压信号输入示波器(泰克,DPO 4104),示波器记录激光脉冲波形,如图 23-7 所示。

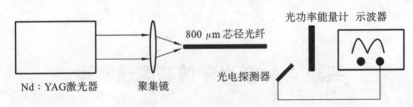

图 23-6　激光参数测量流程

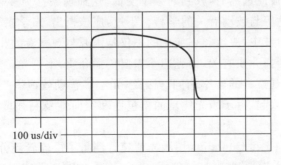

图 23-7　钬激光脉冲波形图(半高宽为 400 μs)

五、数据处理

将泵浦电压调整至 900 V 左右,最大不超过 1000 V,在不同泵浦脉冲宽度条件下测试激光器输出脉冲能量、功率、脉冲宽度、脉冲波形。其中能量、功率、脉冲宽度值以数据形式记录在表 23-1 中，脉冲波形以图片形式保存。

表 23-1　激光器输出脉冲能量、功率、脉冲宽度结果记录

泵浦脉宽/ms	0.2	0.4	0.6	0.8	1.0	1.2	1.4	1.6	1.8	2.0
激光能量/mJ										
激光功率/mW										
输出脉宽/ms										

六、注意事项

(1)严格按照激光器操作流程操作，防止对激光器不可逆性损伤。

(2)注意探测器与光纤输出端面距离，防止对光探测器的损伤。

(3)初始光纤耦合时，激光工作频率设置为低频率且泵浦电压要低。

七、思考题

(1)激光脉冲宽度对光纤端面损伤的影响。

(2)探测器响应时间及频谱响应范围对探测光脉冲宽度的影响。

(3)光纤芯径对激光脉冲耦合效率的影响。

(4)激光器泵浦电压脉冲宽度与实际输出激光脉冲宽度的关系。

实验 24　激光多普勒测速实验

1842 年奥地利人多普勒(J. C. Doppler)指出：当波源和观察者彼此接近时，收到的频率变高；而当波源和观察者彼此远离时，收到的频率变低，这种现象称为多普勒效应。多普勒效应可用于声学、光学、雷达等与波动有关的学科。不过，应该指出，声学多普勒效应与光学多普勒效应是有区别的。在声波中，决定频率变化的不仅是声源与观察者的相对运动，还要看两者哪一个在运动。声速与传播介质有关，而光速不需要传播介质，不论光源与观察者彼此相对运动如何，光相对于光源或观察者的速率相同。因此，光学多普勒效应有更好的实用价值。20 世纪 60 年代初激光技术兴起，由于激光优良的单色性和定向性及高强度，激光多普勒效应可以用来进行精密测量。

1964 年，英国人 Yeh 和 Cummins 用激光流速计测量了层流管流分布，开创激光多普勒测速技术。激光多普勒测速仪(laser Doppler velocimeter, LDV)是利用激光多普勒效应来测量流体或固体速度的一种仪器。由于它大多用于流体测量方面，因此也称为激光多普勒风速仪(laser Doppler anemometer, LDA)，也有的称为激光测速仪或激光流速仪(laser velocimeter, LV)。20 世纪 70 年代便有产品上市，80 年代中期随着微机的出现，电子技术的发展，技术日趋成熟。在剪切流、内流、两相流、分离流、燃烧、棒束间流等各种复杂流动领域取得了丰硕的

成果。激光测速在涉及流体测量方面,已成为产品研发不可或缺的手段。

一、实验目的

(1)了解激光多普勒测速基本原理。

(2)了解双光束激光多普勒测速仪的工作原理。

(3)掌握一维流场流速测量技术。

二、实验原理

1. 多普勒信号的产生

如图 24-1 所示,由光源 S 发出频率为 f 的单色光,被速度为 v 的粒子(如空气中的一粒细小的粉尘)P 散射,其散射光在 Q 点被探测器接收。由于多普勒效应,粒子 P 接收到的光频率为

$$f' = \frac{f}{\sqrt{1 - v^2/c^2}}\left(1 + \frac{v}{c}\cos\theta_1\right) \tag{24-1}$$

其中 c 为光速。同样由于多普勒效应,在 Q 点所接收的粒子 P 的散射光频率为

$$f'' = \frac{f'\ \sqrt{1 - v^2/c^2}}{1 - (v/c)\cos\theta_2} \tag{24-2}$$

那么 Q 点接收的频率为

$$\Delta f = f'' - f' = \frac{fv}{c}(\cos\theta_1 + \cos\theta_2) \tag{24-3}$$

如果粒子 P 以速度 v 进入两束相干光 S 和 S' 的交点,并在 Q 点接收散射光,如图 24-2 所示,由于 S 和 S' 是方向不同的两束光,在 Q 点将产生两种接收频率。对光束 S 的频率差同式 (24-3),对于光束 S' 的频率差为

$$\Delta f' = \frac{fv}{c}(\cos\theta_1' + \cos\theta_2) \tag{24-4}$$

最后得到两种频率之差:

$$f_D = \Delta f - \Delta f' = \frac{2v}{\lambda}\sin\frac{\alpha}{2}\cos\beta \tag{24-5}$$

式中:λ 是相干光的波长;f_D 是多普勒信号频率。

在一定光路条件下,$\frac{2}{\lambda}\sin\frac{\alpha}{2}$ 是一个常数,于是式(24-5)可写成

$$f_D = \alpha\cos\beta \cdot v \tag{24-6}$$

其中 α 是光机常数。可见,当 β 为定值时(粒子运动方向不变),f_D 与粒子的速度成正比关系。因此,只要测量出 f_D 就可以得到速度 v。

这种用两束光相交于测量点的 LDV 方式称为双光束 LDV 或差动 LDV,是一维流场测量最常用的方法。

2. f_D 信号的接收

这里以双光束 LDV 光路为例,讨论 f_D 信号的接收。

为了使问题简化,设 β 为 0,即粒子运动方向与两束光夹角平分线垂直,如图 24-2 所示。

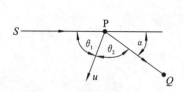

图 24-1　多普勒信号的产生

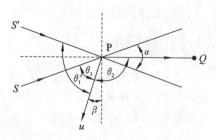

图 24-2　双光路多普勒信号的产生

注意到光路的对称,两束光在 Q 点散射光的角频率差(由式(24-4)和式(24-5)可知) $\Delta\omega' = -\Delta\omega$ 。在两束光功率相等时,Q 点接收的光强分别为

$$E_1 = E_0 \cos\left[(\omega + \Delta\omega)t + \varphi_1\right] \tag{24-7}$$

$$E_2 = E_0 \cos\left[(\omega + \Delta\omega)t + \varphi_2\right] \tag{24-8}$$

其中 ω 为相干光的角频率。光敏探测器如 APD(雪崩光敏二极管)的输出电流与入射光强的平方成正比。探测器的输出电流为

$$I(t) = kE^2 = k(E_1 + E_2)^2 \tag{24-9}$$

其中 k 为表征探测器灵敏度的系数。将式(24-7)和式(24-8)代入式(24-9),整理后

$$I(t) = kE_0^2[1 + \cos(2\Delta\omega t + \varphi_1 + \varphi_2) + \cos(2\omega t + \varphi_1 + \varphi_2)$$
$$+ \cos(2\omega t + 2\Delta\omega t - 2\varphi_1) + \cos(2\omega t + 2\Delta\omega t + 2\varphi_2)] \tag{24-10}$$

由式(24-10)可知,光电流 $I(t)$ 应由直流分量、差频项 $2\Delta\omega$、倍频项 2ω 频率成分组成。但由于探测器能够输出的光电流信号频率远远低于相干光的频率,因此在光电流 $I(t)$ 中只能出现差频项 $2\Delta\omega$ 和直流分量。探测器输出的光电流为

$$I(t) = kE_0^2[1 + \cos(2\Delta\omega t + \varphi_1 - \varphi_2)] \tag{24-11}$$

根据式(24-11)即可求出多普勒信号频率 f_D,得到粒子的速度。

由于激光光束横截面上光强为高斯分布,粒子只有进入两光束相交的区域才能产生散射,一个粒子的信号波形如图 24-3 所示。前面所说的直流分量实际上是一个低频分量,由图中的虚线表示。频率为 f_D 的波叠加到这个低频分量上,波形的包络线近似为高斯曲线。

3. 用干涉条纹区解释双光束 LDV

对于双光束 LDV 有一种不涉及多普勒效应的简单解释。如图 24-4 所示的两束相干光相交,由于干涉现象,会产生一个干涉条纹区,条纹间距为

$$S = \frac{\lambda}{2\sin\frac{\alpha}{2}} \tag{24-12}$$

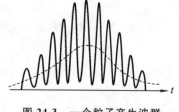

图 24-3　一个粒子产生波群

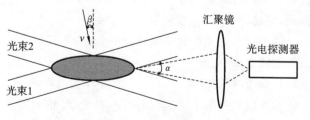

图 24-4　双光束 LDV 光路图

如果一个尺寸小于条纹间距的粒子,以速度 v 进入条纹区,由于光强明暗相间的结果,每当粒子运动到明场时将散射出一个光脉冲;通过条纹区,将散射出一串光脉冲。通过简单的计算,可知脉冲串的频率为

$$f_D = \frac{2v}{\lambda}\sin\frac{\alpha}{2}\cos\beta \tag{24-13}$$

结果和式(24-5)的完全一样。

用干涉条纹区解释双光束 LDV 比较简单,但不能解释多普勒信号的波形特点。可以证明,无论从任何方向接收条纹区的散射光,其多普勒信号的频率 f_D 都是相同的,其波形特点也是相同的。因此,可以用一组透镜将来自条纹区的散射光汇集于一点,以大大提高接收信号的强度。

4. 散射粒子的速度代表流体的速度

在流体中,有许多尺寸为微米级的小粒子,其质量很小,运动速度可以跟得上流体的速度变化。足够多的粒子流经流场中的某一点时,虽然它们的速度会有差别,但速度的统计平均就可以代表场点的流速。

5. 多普勒信号处理

多普勒信号处理方法分为频谱分析法、频率跟踪解调法、计数法等几种。在本实验中,首先对多个单列波群分别做频谱分析,得到一系列多普勒信号频率 f_{Di};再计算这些频率 f_{Di} 的统计平均值,如求算术平均值,得到表示流速的频率 f_D;最后由式(24-13)得到流速 v。

为了消除波群信号携带的噪声和干扰,需要对信号进行滤波等处理。当一个粒子进入条纹区时,探测器输出的信号经放大、滤波后,成为一个上下对称的、包络线近似为高斯曲线的多普勒波群。其中高通滤波器(LPF)用来消除"基座",即前面说的多普勒信号直流分量。低通滤波器(HPF)用来消除由于干扰和噪声叠加在信号上的"毛刺",如图 24-5 所示。

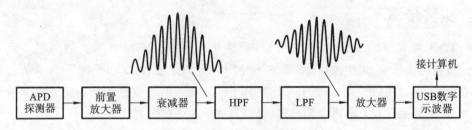

图 24-5　LDV 信号处理方框图

图 24-6 所示的是经信号处理后的单个粒子的波群信号,一般在粒子较少的气体流速测量中会得到这样的信号。波群信号下面是它的频谱曲线,这里只显示了基频,右侧的图表显示基频及各次谐波的幅度值,其中的基频就是该波群的多普勒频率 f_{Di}。

三、实验装置

激光流速仪光路部分;LDV 信号处理器;数字示波器;PC;流场。

光路采用典型的双光束 LDV 布局,如图 24-7 所示。图中 M 是全反射镜,S_1 是 1∶1 分光镜,L_1 是焦距为 $f_1=150$ mm 的凸透镜,L_2 是焦距为 $f_2=50$ mm 的凸透镜,挡光板用来遮住两束直射光。测量气流时,只要将吹风机对准条纹区即可。

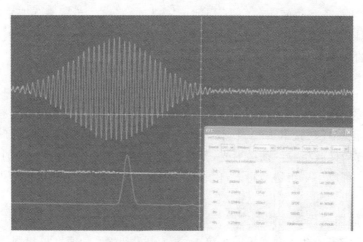

图 24-6 单个粒子信号及频谱

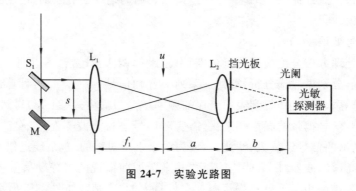

图 24-7 实验光路图

四、实验步骤

(1)调整发射部分。按照图 24-7 搭建、调整光路。相互平行两束光的间距 S 为 $20\sim$ 25 mm。将白屏放到 L_1 焦距处,仔细调整 S_1、M 和 L_1 的角度、高度和距离等,使两光点重合。再将检查镜放到 L_1 焦点处,白屏放到前方约 1 m 处,观察两光点是否严格重合及条纹情况,通过微调 M 反射镜支架上的两个调节螺丝,得到清晰的条纹区。

(2)调整接收部分。L_2 和光敏探测器的位置如图 24-7 所示,可取 $a = 2b = 2 \times f_2 =$ 100 mm。仔细调整 L_2 和光敏探测器,使两光点交于探测器小孔内的探测窗上。

(3)将挡光板(可变光阑)放在 L_2 和光敏探测器之间,调节挡光板通光孔径的大小,挡住两束直射光。

(4)将信号处理器的 APD 电压调到 $85\sim95$ V 的某一值,衰减器预置为 -16 dB,根据预估流速范围设定 HPL。打开信号处理器、USB 示波器以及产生流场的风扇和颗粒物附件。

(5)观察多普勒波形,调整信号处理器的各项设置和示波器,直至出现理想波形。如果未出现波形,应关上信号处理器电源,重复步骤(2)~(4)。

(6)通过改变风扇电压挡位,产生流速,每种流速记录 20 个波群的频率值,并记录各次测量的实验条件。

五、数据处理

(1)计算各流速的统计平均值,画出速度分布曲线。

(2)画出风扇电压和流速的关系曲线。

六、注意事项

(1)调整光路时不得开信号处理器电源,必须装好挡光板,挡住两束光,才能开信号处理器。

(2)注意对光学器件的保护,不得触碰、擦拭各光学面。

(3)调整光路时防止磕碰,不要拧松支杆和镜架等处的连接螺纹。

七、思考题

(1)为什么要在实验步骤(3)的最后强调"调节挡光板通光孔径的大小,挡住两束直射光"?

(2)图 24-7 中两光束间距 s 为什么不能太大?

(3)欲测量高速气体,对仪器有哪些要求? 在使用相同信号处理器的情况下,如何改变光路以提高待测流速上限?

第五部分 光电技术与光学传感实验

"光电技术"和"传感器原理"是应用物理专业和光电类专业的重要课程,其中的知识应用非常广泛。本部分列举了几个光电技术与光学传感方面的实验例子,有的反映了经典的理论与技术,有的则是目前正在被广泛应用的较为先进的技术。本部分内容理论和实验密切配合,注重实用。

实验 25 液晶电光效应

液晶是介于液体与晶体之间的一种物质状态。一般的液体内部分子排列是无序的,而液晶既具有液体的流动性,其分子又按一定规律有序排列,使它呈现晶体的各向异性。当光通过液晶时,会产生偏振面旋转、双折射等效应。液晶分子是含有极性基团的极性分子,在电场作用下,偶极子会按电场方向取向,导致分子原有的排列方式发生变化,从而液晶的光学性质也随之发生改变,这种因外电场引起的液晶光学性质的改变称为液晶的电光效应。

1888 年,奥地利植物学家 Reinitzer 在做有机物溶解实验时,在一定的温度范围内观察到液晶。1961 年,美国 RCA 公司的 Heimeier 发现了液晶的一系列电光效应,并制成了显示器件。从 20 世纪 70 年代开始,日本公司将液晶与集成电路技术相结合,制成了一系列的液晶显示器件,并至今在这一领域保持领先地位。液晶显示器件由于具有驱动电压低(一般为几伏)、功耗极小、体积小、寿命长、环保无辐射等优点,在当今各种显示器件的竞争中有独领风骚之势。

一、实验目的

(1)在掌握液晶光开关的基本工作原理的基础上,测量液晶光开关的电光特性曲线,并由电光特性曲线得到液晶的阈值电压和关断电压。

(2)作出驱动电压周期变化时,液晶光开关的时间响应曲线,并由时间响应曲线得到液晶的上升时间和下降时间。

(3)测量由液晶光开关矩阵所构成的液晶显示器的视角特性以及在不同视角下的对比度,了解液晶光开关的工作条件。

(4)了解液晶光开关构成图像矩阵的方法,学习和掌握这种矩阵所组成的液晶显示器构成文字和图形的显示模式,从而了解一般液晶显示器件的工作原理。

二、实验原理

1. 液晶光开关的工作原理

液晶的种类很多,仅以常用的 TN(扭曲向列)型液晶为例,说明其工作原理。

TN 型光开关的结构如图 25-1 所示。在两块玻璃板之间夹有正性向列相液晶,液晶分子的形状如火柴一样,为棍状。棍的长度在十几埃(1 Å＝10^{-10} m),直径为 4～6 Å,液晶层厚度一般为 5～8 μm。玻璃板的内表面涂有透明电极,电极的表面预先作了定向处理(可用软绒布朝一个方向摩擦,也可在电极表面涂取向剂),这样,液晶分子在透明电极表面就会躺倒在摩擦所形成的微沟槽里;电极表面的液晶分子按一定方向排列,且上下电极上的定向方向相互垂直。上下电极之间的那些液晶分子因范德瓦尔斯力的作用,趋向于平行排列。然而由于上下电极上液晶的定向方向相互垂直,所以从俯视方向看,液晶分子的排列从上电极的沿－45°方向排列逐步地、均匀地扭曲到下电极的沿＋45°方向排列,整个扭曲了 90°,如图 25-1 左图所示。

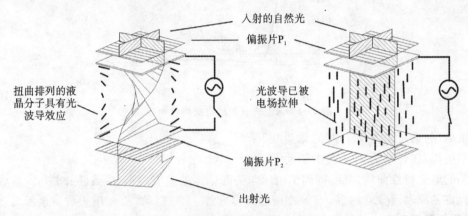

图 25-1　液晶光开关的工作原理

理论和实验都证明,上述均匀扭曲排列起来的结构具有光波导的性质,即偏振光从上电极表面透过扭曲排列起来的液晶传播到下电极表面时,偏振方向会旋转 90°。

取两张偏振片贴在玻璃的两面,P_1 的透光轴与上电极的定向方向相同,P_2 的透光轴与下电极的定向方向相同,于是 P_1 和 P_2 的透光轴相互正交。

在未加驱动电压的情况下,入射的自然光经过偏振片 P_1 后只剩下平行于透光轴的线偏振光,该线偏振光到达输出面时,其偏振面旋转了 90°。这时光的偏振面与 P_2 的透光轴平行,因而有光通过。

在施加足够电压(一般为 1～2 V)的情况下,在静电场的作用下,除了基片附近的液晶分子被基片"锚定"以外,其他液晶分子趋于平行于电场方向排列。于是原来的扭曲结构被破坏,成了均匀结构,如图 25-1 所示。从 P_1 透射出来的偏振光的偏振方向在液晶中传播时不再旋转,保持原来的偏振方向到达下电极。这时光的偏振方向与 P_2 的透光轴正交,因而光被关断。

由于上述光开关在没有电场的情况下让光透过,加上电场的时候光被关断,因此称为常通型光开关,又叫常白模式。若 P_1 和 P_2 的透光轴相互平行,则构成常黑模式。

液晶可分为热致液晶和溶致液晶。热致液晶在一定的温度范围内呈现液晶的光学各向异性，溶致液晶是溶质溶于溶剂中形成的液晶。目前用于显示器件的都是热致液晶，它的特性随温度的改变而有一定变化。

2. 液晶光开关的电光特性

图 25-2 所示的为光线垂直液晶面入射时本实验所用液晶相对透过率（以不加电场时的透过率为 100%）与外加电压的关系。

由图 25-2 可知，对于常白模式的液晶，其透过率随外加电压的升高而逐渐降低，在一定电压下达到最低点，此后略有变化。可以根据此电光特性曲线图得出液晶的阈值电压和关断电压。

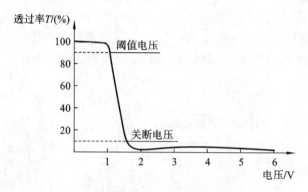

图 25-2   液晶光开关的电光特性曲线

阈值电压：透过率为 90% 时的驱动电压。

关断电压：透过率为 10% 时的驱动电压。

液晶的电光特性曲线越陡，即阈值电压与关断电压的差值越小，由液晶开关单元构成的显示器件允许的驱动路数就越多。TN 型液晶最多允许 16 路驱动，故常用于数码显示。在计算机、电视等需要高分辨率的显示器件中，常采用 STN（超扭曲向列）型液晶，以改善电光特性曲线的陡度，增加驱动路数。

3. 液晶光开关的时间响应特性

加上（或去掉）驱动电压能使液晶的开关状态发生改变，是因为液晶的分子排序发生了改变，这种重新排序需要一定时间，反映在时间响应曲线上，用上升时间 τ_r 和下降时间 τ_d 描述。给液晶开关加上一个如图 25-3 上图所示的周期性变化的电压，就可以得到液晶的时间响应曲线，上升时间和下降时间如图 25-3 下图所示。

上升时间：透过率由 10% 升到 90% 所需时间。

下降时间：透过率由 90% 降到 10% 所需时间。

液晶的响应时间越短，显示动态图像的效果越好，这是液晶显示器的重要指标。早期的液晶显示器在这方面逊色于其他显示器，现在通过结构方面的技术改进，已达到很好的效果。

4. 液晶光开关的视角特性

液晶光开关的视角特性表示对比度与视角的关系。对比度定义为光开关打开和关断时透射光强度之比，对比度大于 5 时，可以获得满意的图像，对比度小于 2 时，图像就会模糊不清。

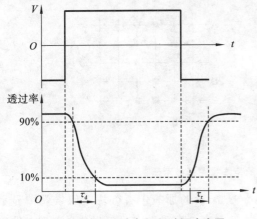

图 25-3　液晶驱动电压和时间响应图

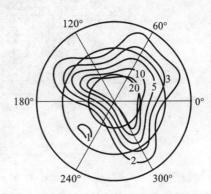

图 25-4　液晶的视角特性

图 25-4 所示的是某种液晶视角特性的理论计算结果。图 25-4 中,用与原点的距离表示垂直视角(入射光线方向与液晶屏法线方向的夹角)的大小。

图中 3 个同心圆分别表示垂直视角为 30°、60°和 90°。90°同心圆外面标注的数字表示水平视角(入射光线在液晶屏上的投影与 0°方向之间的夹角)的大小。图中的闭合曲线为不同对比度时的等对比度曲线。

由图 25-4 可以看出,液晶的对比度与垂直视角和水平视角都有关,而且具有非对称性。若我们把具有图 25-4 所示视角特性的液晶开关逆时针旋转,以 220°方向向下,并由多个显示开关组成液晶显示屏,则该液晶显示屏的左右视角特性对称,在左、右和俯视 3 个方向,垂直视角接近 60°时对比度为 5,观看效果较好。在仰视方向,对比度随着垂直视角的加大迅速降低,观看效果差。

5. 液晶光开关构成图像显示矩阵的方法

除了液晶显示器以外,其他显示器靠自身发光来实现信息显示功能。这些显示器主要有:阴极射线管显示器(CRT)、等离子体显示器(PDP)、电致发光显示器(ELD)、发光二极管显示器(LED)、有机发光二极管显示器(OLED)、真空荧光管显示器(VFD)、场发射显示器(FED)。这些显示器因为要发光,所以要消耗大量的能量。

液晶显示器通过对外界光线的开关控制来完成信息显示任务,为非主动发光型显示,其最大的优点在于能耗极低。正因为如此,液晶显示器在便携式装置的显示方面,如电子表、万用表、手机等具有不可代替的作用。下面我们来看看如何利用液晶光开关来实现图形和图像显示任务。

矩阵显示方式,是把图 25-5(a)所示的横条形状的透明电极做在一块玻璃片上,称为行驱动电极,简称行电极(常用 X_i 表示),而把竖条形状的电极制在另一块玻璃片上,称为列驱动电极,简称列电极(常用 S_i 表示)。把这两块玻璃片面对面组合起来,然后将液晶灌注在这两片玻璃之间构成液晶盒。为了画面简洁,通常将横条形状和竖条形状的 ITO 电极抽象为横线和竖线,分别代表扫描电极和信号电极,如图 25-5(b)所示。

矩阵型显示器的工作方式为扫描方式。显示原理简要说明如下。

欲显示图 25-5(b)所示的那些有方块的像素,首先在第 A 行加上高电平,其余行加上低电

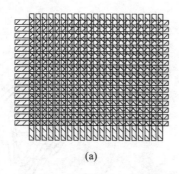
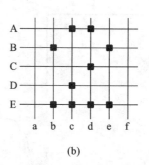

图 25-5　液晶光开关组成的矩阵式图形显示器

平,同时在列电极的对应电极 c、d 上加上低电平,于是 A 行的那些带有方块的像素就被显示出来。然后第 B 行加上高电平,其余行加上低电平,同时在列电极的对应电极 b、e 上加上低电平,因而 B 行的那些带有方块的像素被显示出来。然后是第 C 行、第 D 行,依此类推,最后显示出一整场的图像。这种工作方式称为扫描方式。

　　这种分时间扫描每一行的方式是平板显示器的共同的寻址方式,依这种方式,可以让每一个液晶光开关按照其上的电压的幅值让外界光关断或通过,从而显示出任意文字、图形和图像。

三、仪器介绍

　　本实验所用仪器为液晶光开关电光特性综合实验仪,其外部结构如图 25-6 所示。下面简单介绍仪器各个按钮的功能。

　　模式转换开关:切换液晶的静态和动态(图像显示)两种工作模式。在静态时,所有的液晶单元所加电压相同,在(动态)图像显示时,每个单元所加的电压由开关矩阵控制。当开关处于静态时打开发射器,当开关处于动态时关闭发射器。

　　静态闪烁/动态清屏切换开关:当仪器工作在静态时,此开关可以切换到闪烁和静止两种方式;当仪器工作在动态时,此开关可以清除液晶屏因按动开关矩阵而产生的斑点。

　　供电电压显示:显示加在液晶板上的电压,范围为 0~7.6 V。

　　供电电压调节按键:改变加在液晶板上的电压,调节范围为 0~7.6 V。其中单击"＋"按键(或"－"按键)可以增大(或减小)0.01 V。一直按住"＋"按键(或"－"按键)2 s 以上可以快速增大(或减小)供电电压。

　　透过率显示:显示光透过液晶板后光强的相对百分比。

　　透过率校准按键:在接收器处于最大接收状态时(即供电电压为 0 V 时),如果显示值大于"250",则按住该键 3 s 可以将透过率校准为 100%;如果供电电压不为 0,或显示小于"250",则该按键无效,不能校准透过率。

　　液晶驱动输出:接存储示波器,显示液晶的驱动电压。

　　光功率输出:接存储示波器,显示液晶的时间响应曲线,可以根据此曲线来得到液晶响应时间的上升时间和下降时间。

　　扩展接口:连接 LCDEO 信号适配器的接口,通过信号适配器可以使用普通示波器观察液晶光开关特性的响应时间曲线。

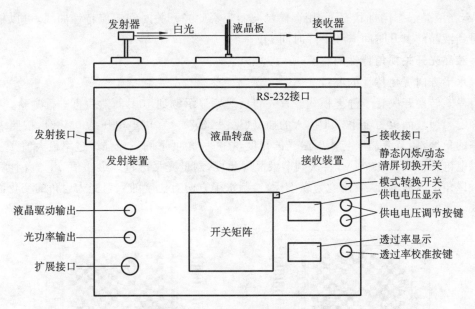

图 25-6　液晶光开关电光特性综合实验仪功能键示意图

发射装置：为仪器提供较强的光源。

液晶板：本实验仪器的测量样品。

接收装置：将透过液晶板的光强信号转换为电压输入透过率显示表。

开关矩阵：此为 16×16 的按键矩阵，用于液晶的显示功能实验。

液晶转盘：承载液晶板一起转动，用于液晶的视角特性实验。

RS-232 接口：只有微机型实验仪才可以使用 RS-232 接口，用于和计算机的串口进行通信，通过配套的软件，可以实现将软件设计的文字或图形送到液晶片上显示的功能。必须注意的是，只有当液晶实验仪模式开关处于动态时才能和计算机软件通信。具体操作见软件操作说明书。

四、实验内容与步骤

将液晶板金手指 1（见图 25-7）插入转盘上的插槽，液晶凸起面必须正对光源发射方向。打开电源开关，点亮光源，使光源预热 10 min 左右。

在正式进行实验前，首先检查仪器的初始状态，看发射器光线是否垂直入射到接收器；在静态 0 V 供电电压条件下，透过率显示经校准后是否为 100%。如果显示正确，则可以开始实验，如果不正确，则指导教师将仪器调整好再让学生进行实验。

1. 液晶光开关电光特性测量

将模式转换开关置于静态模式，透过率显示校准为 100%，按表 25-1 中的数据改变电压，记录相应电压下的透过率数值。重复三次并计算相应电压下透过率的平均值，依据实验数据绘制电光特性曲线，可以得出阈值电压和关断电压。

2. 液晶的时间响应的测量

将模式转换开关置于静态模式，透过率显示校准为 100%，然后将液晶供电电压调到

2.20 V,在液晶静态闪烁状态下,用存储示波器观察此光开关时间响应特性曲线,可以根据此曲线得到液晶的上升时间 τ_r 和下降时间 τ_d。

3. 液晶光开关视角特性的测量

1)水平方向视角特性的测量

将模式转换开关置于静态模式。首先将透过率显示调到 100%,然后再进行实验。

确定当前液晶板为金手指 1 插入的插槽(见图 25-7)。在供电电压为 0 V 时,按照表 25-3 所列举的角度,调节液晶屏与入射激光的角度,在每一角度下测量光强透过率最大值 T_{max}。然后将供电电压设置为 2.20 V,再次调节液晶屏角度,测量光强透过率最小值 T_{min},并计算其对比度。以角度为横坐标,对比度为纵坐标,绘制水平方向对比度随入射光入射角的变化而变化的曲线。

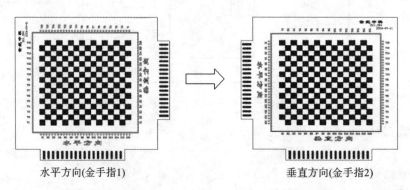

水平方向(金手指1)   垂直方向(金手指2)

图 25-7   液晶板方向(视角为正视液晶屏凸起面)

2)垂直方向视角特性的测量

关断总电源后,取下液晶显示屏,将液晶板旋转 90°,将金手指 2(垂直方向)插入转盘插槽(见图 25-7)。重新通电,将模式转换开关置于静态模式。按照与上相同的方法和步骤,可测量垂直方向的视角特性。

将模式转换开关置于动态(图像显示)模式。液晶供电电压调到 5 V 左右。此时矩阵开关板上的每个按键位置对应一个液晶光开关像素。初始时各像素都处于开通状态,按 1 次矩阵开关板上的某一按键,可改变相应液晶像素的通断状态,所以可以利用点阵输入关断(或点亮)对应的像素,使暗像素(或点亮像素)组合成一个字符或文字,以此让学生体会液晶显示器件组成图像和文字的工作原理。矩阵开关板右上角的按键为清屏键,用以清除已输入在显示屏上的图形。

实验完成后,关闭电源开关,取下液晶板妥善保存。

五、数据记录处理

1. 液晶的电光特性

将模式转换开关置于静态模式,将透过率显示校准为 100%,改变电压,使得电压值从 0 V 到 6 V 变化,记录相应电压下的透过率数值并填入表 25-1 中。

表 25-1 液晶的电光特性

	电压/V 次数	0	0.5	0.8	1.0	1.2	1.4	1.6	1.8	2.0	2.2	2.4	3.0	4.0	5.0	6.0
透过率/(%)	1															
	2															
	3															
	平均															

由表 25-1 中的数值画出电光特性曲线。

由电光特性曲线图可以得出液晶的阈值电压和关断电压。

2. 时间响应特性实验

将模式转换开关置于静态模式,透过率显示校准为 100%,然后将液晶供电电压调到 2.00 V,在液晶静态闪烁状态下,用存储示波器或信号适配器接模拟示波器,可以得出液晶的开关时间响应曲线。记录下不同时间的透过率,填入表 25-2 中。根据表 25-2 中的数值,画出时间响应曲线。

表 25-2 时间响应的数值表

时间/s													
透过率/(%)													

由时间响应曲线图可以得到液晶的响应时间。

3. 液晶的视角特性实验

将模式置于静态模式,将透过率显示校准为 100%,以水平方向插入液晶板,在供电电压为 0 V 时,调节液晶屏与入射激光的角度,在每一角度下测量光强透过率最大值 T_{max}。然后将供电电压设为 2.20 V,再次调节液晶屏角度,测量光强透过率最小值 T_{min},将数据记入表 25-3 中,并计算其对比度。

表 25-3 水平方向视角特性

正角度/(°)	0	5	10	15	20	25	30	35	40	45	50	55	60	65	70	75
$T_{max}(0\text{ V})/(\%)$																
$T_{min}(2.20\text{ V})/(\%)$																
T_{max}/T_{min}																
负角度/(°)	0	5	10	15	20	25	30	35	40	45	50	55	60	65	70	75
$T_{max}(0\text{ V})/(\%)$																
$T_{min}(2.20\text{ V})/(\%)$																
T_{max}/T_{min}																

由表 25-3 中的数值可以找出比较好的水平视角显示范围。

将液晶板以垂直方向插入插槽,按照与测量水平方向视角特性相同的方法,测量垂直方向视角特性,并将数据记入表 25-4 中。

表 25-4　垂直方向视角特性

正角度/(°)	0	5	10	15	20	25	30	35	40	45	50	55	60	65	70	75
$T_{max}(0\ V)/(\%)$																
$T_{min}(2.20\ V)/(\%)$																
T_{max}/T_{min}																
负角度/(°)	0	5	10	15	20	25	30	35	40	45	50	55	60	65	70	75
$T_{max}(0\ V)/(\%)$																
$T_{min}(2.20\ V)/(\%)$																
T_{max}/T_{min}																

由表 25-4 中的数值可以找出比较好的垂直视角显示范围。

(1)由表 25-1 和所作电光特性曲线可以观察透过率变化情况和响应曲线情况,还可以得到液晶的阈值电压和关断电压。

(2)由表 25-2 和所作的开关时间响应特性曲线可以得到液晶上升时间和下降时间。

(3)由表 25-3 和表 25-4 的对比可以观察到液晶的视角特性。

六、注意事项

(1)禁止用光束照射他人眼睛或直视光束本身,以防伤害眼睛。

(2)在进行液晶视角特性实验中,更换液晶板方向时,务必断开总电源后,再进行插取,否则会损坏液晶板。

(3)液晶板凸起面必须朝向光源发射方向,否则实验记录的数据为错误数据。

(4)在透过率显示标准为 100% 时,如果透过率显示不稳定,则可能是光源预热时间不够,或光路没有对准,需要仔细检查,调节好光路。

(5)在透过率显示标准为 100% 前,必须将液晶供电电压调到 0.00 V 或显示大于"250",否则无法校准透过率为 100%。在实验中,电压为 0.00 V 时,不要长时间按住"透过率校准"按钮,否则透过率显示将进入非工作状态,本组测试的数据为错误数据。

实验 26　四象限探测器及光电定向实验

光电定向作为光电子检测技术的重要组成部分,是指用光学系统来测定目标的方位,在实际应用中具有精度高、价格低、便于自动控制和操作方便的特点,因此在光电准直、光电自动跟踪、光电制导和光电测距等各个领域得到了广泛的应用。

一、实验目的

(1)了解四象限探测器的工作原理及其特性。

(2)了解并掌握四象限探测器的定向原理。

二、实验原理

1. 实验系统介绍

光电定向是指用光学系统来测定目标的方位,在实际应用中具有精度高、价格低、便于自动控制和操作方便的特点,因此在光电准直、光电自动跟踪、光电制导和光电测距等各个领域得到了广泛的应用。采用激光器作为光源,四象限探测器作为光电探测接收器,根据电子和差式原理,可以实现直观、快速定位跟踪目标方位的光电定向装置,是目前应用最广泛的一种光电定向方式。

该系统主要由激光发射部分、信号探测部分、信号处理部分、A/D 转换和单片机组成,可通过计算机显示输出。该系统结构框图如图 26-1 所示。

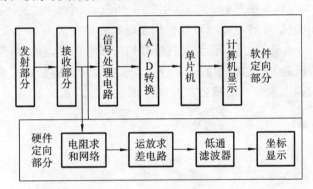

图 26-1　系统结构框图

(1)激光发射部分。

激光发射电路主要由激光器驱动器(频率及占空比可调)、光源(650 nm 激光器)、光功率自动控制电路(APC)等部分组成。用 NE555 组成的脉冲发生电路来驱动 650 nm 的激光器。

(2)接收部分。

接收部分主要由四象限探测器组成。四象限光电探测器是把四个性能完全相同的光电二极管按照直角坐标要求排列而成的光电探测器件,目标光信号经光学系统后在四象限光电探测器上成像,如图 26-2 所示。

一般将四象限光电探测器置于光学系统焦平面上或稍离开焦平面。当目标成像不在光轴上时,四个象限上探测器输出的光电流信号幅度不相同,比较四个光电信号的幅度大小就可以知道目标成像在哪个象限上(也就知道了目标的方位)。

2. 单脉冲定向原理

利用单脉冲光信号确定目标方向的原理有以下四种:和差式、对差式、和差比幅式和对数相减式。

(1)和差式。

这种定向方式是参考单脉冲雷达原理提出来的。在图 26-2 中,光学成像系统与四象限探测器组成测量目标方位的直角坐标系。四象限探测器与直角坐标系坐标轴 x、y 重合,目标(近似圆形的光斑)成像在四象限探测器上。当目标圆形光斑中心与探测器中心重合时,四个

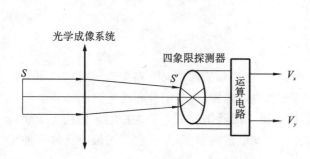

图 26-2　目标在四象限光电探测器上成像

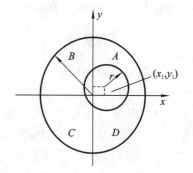

图 26-3　目标成像关系

光电二极管接收到相同的光功率,输出相同大小的电流信号,表示目标方位坐标为 $x=0,y=0$。当目标圆形光斑中心偏离探测器中心,如图 26-3 所示,四个光电二极管输出不同大小的电流信号,通过对输出电流信号进行处理可以得到光斑中心偏差量 x_1 和 y_1。若光斑半径为 r,光斑中心坐标为 x_1 和 y_1,为分析方便,认为光斑得到均匀辐射功率,总功率为 P。在各象限探测器上得到扇形光斑面积是光斑总面积的一部分。若设各象限上的光斑总面积占总光斑面积的百分比为 A、B、C、D,则由求扇形面积公式可推得如下关系:

$$(A-B)-(C-D) = \frac{2x_1}{\pi r}\sqrt{1-\frac{x_1^2}{r^2}} + \frac{2}{\pi}\arcsin\frac{x_1}{r} \tag{26-1}$$

当 $\frac{x_1}{r} \ll 1$ 时

$$A-B-C+D \approx \frac{4x_1}{\pi r} \tag{26-2}$$

即

$$x_1 = \frac{\pi r}{4}(A-B-C+D) \tag{26-3}$$

同理可得:

$$y_1 = \frac{\pi r}{4}(A+B-C-D) \tag{26-4}$$

可见,只要能测出 A、B、C、D 和 r 的值就可以求得目标的直角坐标。但是在实际系统中可以测得的量是各象限的功率信号,若光电二极管的材料是均匀的,则各象限的光功率和光斑面积成正比,四个探测器的输出信号也与各象限上的光斑面积成正比。如图 26-4 所示,可得输出偏差信号大小为

$$V_{x_1} = KP(A-B-C+D) \tag{26-5}$$

$$V_{y_1} = KP(A+B-C-D) \tag{26-6}$$

对应于

$$x_1 = k(A-B-C+D) \tag{26-7}$$

$$y_1 = k(A+B-C-D)$$

式中:$k = \frac{\pi r}{4}KP$,KP 为常数,与系统参数有关。

(2)对差式。

将图 26-3 的坐标系顺时针旋转 45°,于是得

$$x_2 = x_1\cos45° + y_1\sin45° = \sqrt{2}k(A-C) \tag{26-8}$$

$$y_2 = -x_1\cos45° + y_1\sin45° = \sqrt{2}k(B-D) \tag{26-9}$$

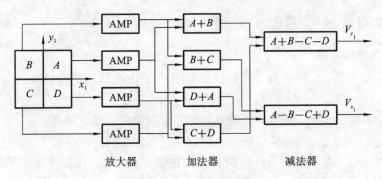

图 26-4　和差定向原理

（3）和差比幅式。

上述两种情况中，输出的坐标信号均与系数 k 有关，而 k 又与接收到的目标辐射功率有关，它是随目标距离远近而变化的。这时系统输出电压 V_{x_1}、V_{y_1} 并不能够代表目标的真正坐标。采用下式表示的和差比幅运算可以解决这一问题。

$$x_3 = \frac{k(A-B-C+D)}{k(A+B+C+D)} = \frac{A-B-C+D}{A+B+C+D} \tag{26-10}$$

$$y_3 = \frac{k(A+B-C-D)}{k(A+B+C+D)} = \frac{A+B-C-D}{A+B+C+D} \tag{26-11}$$

式中不存在 k 系数，与系统接收到的目标辐射功率的大小无关，所以定向精度很高。

（4）对数相减式。

在目标变化很大的情况下，可以采用对数相减式定向方法。坐标信号为

$$x_4 = \lg k(A-B) - \lg k(C-D) = \lg(A-B) - \lg(C-D) \tag{26-12}$$

$$y_4 = \lg k(A-D) - \lg k(C-B) = \lg(A-D) - \lg(C-B) \tag{26-13}$$

可见，坐标信号中也不存在系数 k，同样消除了接收到的功率变化影响。

当定向误差很小时，可以得到如下近似关系：

$$x_4 \approx A-B-C+D \tag{26-14}$$

$$y_4 \approx A+B-C-D \tag{26-15}$$

上式就是和差式关系。因此当定向误差很小时，对数相减式实际上就是和差式。采用对数放大器和相减电路可实现对数相减式。

3. 信号处理及显示

1）硬件定向

硬件定向通过硬件电路实现和差式定向原理。通过电阻求和网络和运算放大器实现的减法电路，将目标位置信号转换成对应的相对坐标值大小的电压信号，最后通过直流电压表头对电压进行显示。

其他三种定向方式的硬件需要自行设计完成。

2）软件定向

通过模数转换将各象限输出的模拟电压信号变换为数字信号，处理器将转换后的数字信号通过串口上传至 PC 端上位机软件，通过软件实现四种方式的定向计算，并实时显示目标方位和各象限光电信号值的大小。

三、实验内容及数据记录处理

1. 系统组装调试实验

（1）将激光器固定在台体右侧二维平移台上，激光器电源线接插入台体的右侧驱动器输出接口上。

（2）将探测器和面板上探测器输入端通过7芯航空插座连接线连接。

（3）打开电源，调整激光器，使它和四象限探测器高度在同一水平线上，激光光点位置落在四象限探测器中心上，调节激光器与探测器之间的距离，使落在探测器上的光斑直径为1～2 mm。

（4）调节激光器运动，使激光器光斑分别落在四个象限，可以观察到面板上对应四个象限光强（Ⅰ、Ⅱ、Ⅲ、Ⅳ）的指示灯分别发光，即对应象限探测到的光强最强，对应象限指示发光二极管发光。

（5）关闭电源，拆掉所有连线，结束实验。

2. 激光器(650 nm)脉冲驱动实验

（1）打开实验仪和示波器电源，用示波器测量脉冲发生电路的MC输出端输出的脉冲信号。此脉冲信号通过激光器驱动电路对激光器发出的光进行调制，从而使激光器发出脉冲光。

（2）调节频率调节电位器，观察频率变化及频率上下限并记录结果。

（3）调节脉冲宽度调节电位器，观察脉宽变化及脉冲宽度上下限并记录结果。

（4）关闭电源，结束实验。

3. 四象限探测器输出脉冲信号放大实验

（1）按实验1的步骤连接好线路，使激光光斑落在四象限探测器上。

（2）同时用示波器测量MC输出端信号和探测器放大输出信号（X1、X2、X3、X4）。

（3）调节脉冲驱动电路频率调节电位器，观察探测器放大信号变化，使其放大输出效果最好。

（4）调节激光器，分别使各象限光强最强，根据光强指示灯测量对应象限的探测器输出放大信号，记录频率、幅度、波形（粗略描绘出波形）在表26-1中。

表26-1　频率、幅度、波形测量值1

	频率	幅度	波形
X1			
X2			
X3			
X4			

（5）关闭电源，拆掉所有连线，结束实验。

4. 四象限探测器输出脉冲信号展宽实验(采样保持)

（1）按实验1的步骤连接好线路，使激光光斑落在四象限探测器上。

（2）同时用示波器对应测量信号测试区的探测器放大输出信号（X1、X2、X3、X4）和经过峰值保持电路处理之后的展宽信号(ZK1、ZK2、ZK3、ZK4)。

(3)调节脉冲驱动电路频率调节电位器,观察探测器放大信号变化,使其放大输出效果最好。

(4)用按键控制激光器的运动使各象限光强最强,根据光强指示灯测量对应象限的探测器输出展宽信号,记录频率、幅度、波形(粗略描绘出波形)在表 26-2 中。

表 26-2　频率、幅度、波形测量值 2

	频率	幅度	波形
ZK1			
ZK2			
ZK3			
ZK4			

(5)关闭电源,拆掉所有连线,结束实验。

5. 硬件定向实验

(1)按实验 1 的步骤连接好线路,使激光光斑落在四象限探测器上。

(2)将探测器放大输出的信号 X1、X2、X3、X4 和 AI1、AI2、AI3、AI4 用导线对应连接。

(3)打开电源,分别测量电阻求和网络输出端 Ⅰ＋Ⅱ、Ⅲ＋Ⅳ、Ⅰ＋Ⅳ、Ⅱ＋Ⅲ的输出信号波形,记录频率、幅度、波形(粗略描绘出波形)在表 26-3 中,分析与输入电压的关系。

表 26-3　频率、幅度、波形测量值 3

	频率	幅度	波形
Ⅰ＋Ⅱ			
Ⅲ＋Ⅳ			
Ⅰ＋Ⅳ			
Ⅱ＋Ⅲ			

(4)关闭电源。用运放组成减法电路,Ⅰ＋Ⅳ和 B2、Ⅱ＋Ⅲ和 A2、Ⅰ＋Ⅱ和 B1、Ⅲ＋Ⅳ和 A1 用导线对应连接。打开电源,测量减法电路输出端 FX、FY 的信号波形,记录下频率、幅度、波形(粗略描绘出波形)在表 26-4 中,分析与输入电压的关系。

表 26-4　频率、幅度、波形测量值 4

	频率	幅度	波形
FX			
FY			

(5)通过按键控制激光器平移,调节激光器光点位置,读取横纵坐标表头显示的数值并记录在表 26-5 中。

表 26-5　横坐标和纵坐标值

象限	横坐标（UX）	纵坐标（UY）
第一象限		
第二象限		
第三象限		
第四象限		

注意：

①当外界环境光较亮时，应适当调高激光器光源的高电平占空比，以提高激光器的亮度，否则可能会造成实验结果错误。

②在调节激光器光电位置时，若出现上调一步纵坐标值为正，下调一步纵坐标值为负的临界情况（前后调节同理），则认为光斑处于四象限探测器的坐标轴上；若上下左右都同时处于临界点，则光斑处于坐标轴原点，也可通过肉眼观察佐证。

（6）关闭电源，拆除所有连线，结束实验。

四、注意事项

（1）探测器象限定义。

（2）四象限探测器如图 26-5 所示，有突出方块标识的为第一象限，依次按逆时针排列为第二、第三、第四象限。

（3）四象限探测器输出放大电路集成在探测器组件内部，组件接口输出为放大后的信号。

（4）激光器前自带有准直聚焦透镜，可以通过调节激光器到探测器之间的距离来调节光斑的大小，使光斑达到满意大小即可。

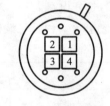

图 26-5　四象限探测器外观

（5）插拔 RS-232（串口连接线）接口前，必须切断电源开关。

（6）严禁肉眼直视激光，以免损伤眼睛。

（7）四象限 Si PIN 光电探测器在使用中防止剧烈震动、冲击，以免光窗损坏。

（8）严禁用手触摸四象限 Si PIN 光电探测器前端光学透镜，以免沾上污渍影响实验效果。

（9）在实验完成后，需用防尘布遮盖实验仪器，以免导轨丝杠及光学镜片上沾灰，影响仪器实验效果及使用寿命。

实验 27　光电探测器响应时间的测试

光电探测器主要功能是把光信号转换为电信号，并能将电信号输入示波器进行动态显示和记录。然而，光电探测器输出的电信号都要在时间上落后于作用在其上的光信号，即光电探测器的输出相对于输入的光信号要发生沿时间轴的扩展。扩展的程序可由响应时间来描述。

光电探测器的这种响应落后于作用信号的特性称为惰性。惰性的存在,会使先后作用的信号在输出端相互交叠,从而降低了信号的调制度。如果探测器观测的是随时间快速变化的物理量,则惰性的影响会造成输出严重畸变。因此,深入了解探测器的时间响应特性是十分必要的。

一、实验目的

(1)了解光电探测器的响应度不仅与信号光的波长有关,而且与信号光的调制频率有关。
(2)熟悉测量光电探测器响应时间的方法。

二、实验仪器

光电探测器时间常数测试实验箱、双踪示波器、毫伏表、光电探测器等。

在光电探测器时间常数测试实验箱中,提供了需要测试的两个光电器件:峰值波长为 900 nm 的光电二极管和可见光波段的光敏电阻。所需要的光源分别由峰值波长为 900 nm 的红外发光管和可见光(红)发光管来提供。光电二极管的偏压与负载都是可调的,偏压分 5 V、10 V、15 V 三挡,负载分 100 Ω、1 kΩ、10 kΩ、50 kΩ、100 kΩ 五挡。根据需要,光源的驱动电源有脉冲和正弦波两种,并且频率可调。

三、实验原理

响应落后于作用信号的现象称为弛豫。信号开始作用时的弛豫称为上升弛豫或起始弛豫;信号停止作用时的弛豫称为衰减弛豫。弛豫时间的具体定义如下。

1. 用阶跃信号作用于器件

起始弛豫定义为探测器的响应从零上升为稳定值的 $(1-1/e)$(即 63%)时所需的时间;衰减弛豫定义为信号撤去后,探测器的响应下降到稳定值的 $1/e$(即 37%)所需要的时间。这类探测器有光电池、光敏电阻及热电探测器等。另一种定义弛豫时间的方法是:起始弛豫为响应值从稳态值的 10% 上升到 90% 所用的时间;衰减弛豫为响应从稳态值的 90% 下降到 10% 所用的时间。这种定义多用于响应速度很快的器件,如光电二极管、雪崩光电二极管和光电倍增管等。

若光电探测器在单位阶跃信号作用下的起始阶跃响应函数为 $[1-\exp(1-t/\tau_1)]$,衰减响应函数为 $\exp(-t/\tau_2)$,则根据第一种定义,起始弛豫时间为 τ_1,衰减弛豫时间为 τ_2。

2. 用冲激信号作用于器件

用响应函数的半值宽度来表示时间特性。为了得到具有单位冲激函数形式的信号光源,即 δ 函数光源,可以采用脉冲式发光二极管、锁模激光器以及火花源等光源来近似。

在通常测试中,更方便的是采用亮度时间特性具有单位阶跃函数形式的光源,从而得到单位阶跃响应函数,进而确定响应时间。本实验利用的是探测器的单位阶跃响应来测量响应时间。

四、实验内容

(1)按图 27-1 接线,将本实验箱面板上"偏压"挡和"负载"挡分别选通一组。

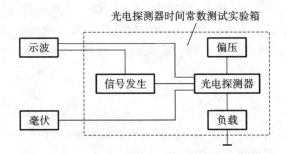

图 27-1　光电探测器响应时间测试装置图

（2）将"波形选择"形状拨至脉冲挡，"探测器选择"开关拨至光电二极管挡，其频率可通过频率调节旋钮来调节。

（3）示波器的触发源选择外触发，调节示波器的扫描时间和触发同步，此时"输入波形"处（信号发生器直接输出）应观测到方波，"输出波形"处可观测光电二极管的单位阶跃响应波形。

（4）选定负载为 10 kΩ，改变其偏压。观察并记录在零偏（不选偏压即可）及不同反偏下光电二极管的响应时间，并填入表 27-1 中。上升响应时间的测试步骤如下：

①将信号加到 CH1 输入插座，置垂直方式于 CH1。用 V/div 和微调旋钮将波形峰值调到 6 div。

②用上下位移旋钮和其他旋钮调节波形，使其显示在屏幕垂直中心。将 t/div 开关调到尽可能快的挡位，能同时观测 10% 和 90% 的两个点。将微调置于校准挡。

③用左右位移旋钮调节 10% 点，使之与垂直刻度线重合，测量波形上 10% 和 90% 点之间的距离（div）。将该值乘以 t/div，如果用"×10 扩展"方式，再乘以 1/10。

使用公式：上升响应时间 t_r＝水平距离（div）×t/div 挡位×"×10 扩展"的倒数（1/10）。

④在反向偏压为 15 V 时，改变探测器的偏置电阻，测量探测器在不同偏置电阻时的响应时间，记录并填入表 27-2 中。

五、数据处理

（1）光电二极管的响应时间与偏置电压的关系，如表 27-1 所示。

表 27-1　光电二极管的响应时间与偏置电压的关系

偏置电压/V	0	3	6	9	12	15
响应时间/s						

（2）光电二极管的响应时间与负载电阻的关系，如表 27-2 所示。

表 27-2　光电二极管的响应时间与负载电阻的关系

负载电阻/Ω	0	3	6	9	12	15
响应时间/s						

（3）依据表 27-1 和表 27-2 的实验数据计算一定条件下光电二极管响应时间，并解释光电二极管的响应时间与负载电阻和偏置电压的关系。

实验 28　光照度测试实验

一、实验目的

(1)了解光照度基本知识。

(2)了解光照度测量基本原理。

(3)学会光照度的测量方法。

二、实验仪器

光电探测原理综合实验箱一台;连接导线若干。

三、实验原理

1. 光照度基本知识

光照度是光度计量的主要参数之一,而光度计量是光学计量最基本的部分。光度量是限于人眼能够见到的一部分辐射量,通过人眼的视觉效果去衡量的,人眼的视觉效果对各种波长是不同的,通常用 $V(\lambda)$ 表示,定义为人眼视觉函数或光谱光视效率。因此,光照度不是一个纯粹的物理量,而是一个与人眼视觉有关的生理、心理物理量。

光照度是单位面积上接收的光通量,因而可以导出:由一个发光强度 I 的点光源,在相距 L 处的平面上产生的光照度与这个光源的发光强度成正比,与距离的平方成反比,即

$$E = I/L^2 \tag{28-1}$$

式中:E 为光照度,lx;I 为光源发光强度,cd;L 为距离,m。

2. 光照度计的结构

光照度计是用来测量照度的仪器,它的结构原理如图 28-1 所示。

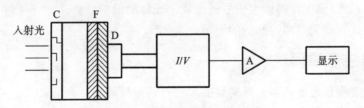

图 28-1　照度计结构原理示意图

图 28-1 中,D 为光探测器,图 28-2 所示的为典型的硅光探测器的相对光谱响应曲线。C 为余弦校正器,在光照度测量中,被测面上的光不可能都来自垂直方向,因此照度计必须进行余弦修正,使光探测器不同角度上的光度响应满足余弦关系。余弦校正器使用的是一种漫透射材料,当入射光不论以什么角度射在漫透射材料上时,光探测器接收到的始终是漫射光。余弦校正器的透光性要好。F 为 $V(\lambda)$ 校正器,在光照度测量中,除了希望光探测器有较高的灵敏度、较低的噪声、较宽的线性范围和较快的响应时间等外,还要求相对光谱响应符合视觉函

数 $V(\lambda)$，而通常光探测器的光谱响应度与之相差甚远，因此需要进行 $V(\lambda)$ 匹配，如图 28-3 所示。匹配基本上都是通过给光探测器加适当的滤光片（$V(\lambda)$ 滤光片）来实现的，满足条件的滤光片往往需要不同型号和厚度的几片颜色玻璃组合来实现匹配。当 D 接收到通过 C 和 F 的光辐射时，所产生的光电信号首先经过 I/V 变换，然后经过运算放大器 A 放大，最后在显示器上显示出相应的信号定标后就是照度值。

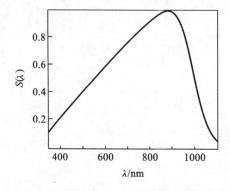

图 28-2　典型的硅光敏二极管相对光谱响应曲线　　　　图 28-3　光谱光视效率曲线

3. 照度测量的误差因素

（1）照度计相对光谱响应度与 $V(\lambda)$ 的偏离引起的误差。

（2）接收器线性：也就是说，接收器的响应度在整个指定输出范围内为常数。

（3）疲劳特性：疲劳是照度计在恒定的工作条件下，由投射照度引起的响应度可逆的暂时的变化。

（4）照度计的方向性响应。

（5）由于量程改变产生的误差：这个误差是照度计的开关从一个量程变到邻近量程所产生的系统误差。

（6）温度依赖性：温度依赖性是用环境温度对照度头绝对响应度和相对光谱响应度的影响来表征。

（7）偏振依赖性：照度计的输出信号还依赖于光源的偏振状态。

（8）照度头接收面受非均匀照明的影响。

四、实验注意事项

（1）进行照度测量之前必须按照实验要求进行调零处理。

（2）若照度计表头显示为"1_"时，说明超过量程，应该增大量程。

五、实验步骤

（1）将脉冲发生单元 S1、S2、S3 开关拨向上。

（2）照度计换至"200 lx"挡，逆时针旋动"电源调节"旋钮至不可调位置。

（3）打开实验箱电源，调节照度计"调零"旋钮，至照度计显示为"000.0"为止，关闭实验箱电源。

（4）连接光路单元结构红色插孔至照度计输入"＋"插孔，连接光路单元结构上的外围黑色插孔至照度计输入"GND"插孔。

(5)打开实验箱电源,此时光源指示显示"0"。

(6)按"照度加"或"照度减"按钮,观察照度计示数的变化情况。

(7)光照度不变,在照度计量程范围内,切换照度计挡位,观察照度计示数变化情况。

(8)长按"照度减"按钮,调节使照度计示值最小,此时拔除光路结构与照度计的连线,逆时针旋出照度计探头。

(9)此时按"照度加"或"照度减"按钮,观察光源发光情况。

(10)将"电源调节"旋钮逆时针旋至不可调位置,关闭实验箱电源,还原实验箱。

六、实验报告要求

(1)观察实验现象,不用填写实验过程原始记录。

(2)写出完成本次实验后的心得体会以及对本次实验的改进意见。

七、思考题

试列出你所知道的其他光度量单位。

实验 29 光敏电阻的伏安特性测试实验

一、实验目的

(1)了解光敏电阻的工作原理和使用方法。

(2)掌握光敏电阻的伏安特性及其测试方法。

二、实验仪器

光电探测原理综合实验箱一台;连接导线若干。

三、实验原理

光敏电阻的本质是电阻,符合欧姆定律,因此它具有与普通电阻相似的伏安特性。在一定的光照下,加到光敏电阻两端的电压与流过光敏电阻的亮电流之间的关系称为光敏电阻的伏安特性,常用图 29-1 所示的曲线表示。图中的虚线为额定功耗线。使用光敏电阻时,应不使光敏电阻的实际功耗超过额定值。从图上看,就是不能使静态工作点居于虚线以外的区域。按这一要求,在设计负载电阻时,应不使负载线与额定功耗线相交。

如果所加电压越高,则光电流越大且无饱和现象。对于大多数半导体,电场强度超过 10^4 V/cm时才开始不遵循欧姆定律。只有硫化镉是例外,它的伏安特性在 100 多伏时就产生转折点不再呈现线性。光敏电阻的最高使用电压由它的耗散功率所决定,而耗散功率又与面积、散热情况等有关。

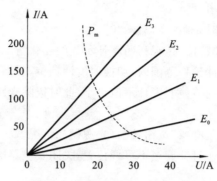

图 29-1　光敏电阻的伏安特性曲线

四、实验注意事项

（1）打开电源之前，将两个"电源调节"旋钮逆时针调至底端。

（2）实验操作中不要带电插拔导线，应该在熟悉原理后，按照电路图连接，检查无误后，方可打开电源进行实验。

（3）若照度计、电流表或电压表显示为"1_"时，说明超出量程，选择合适的量程再测量。

（4）严禁将任何电源对地短路。

五、实验步骤

（1）实验测试电路及套筒接口如图 29-2、图 29-3 所示。

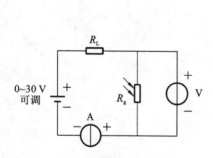

图 29-2　光敏电阻伏安特性测试电路

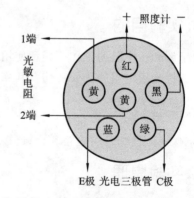

**图 29-3　套筒四（光电三极管、光敏电阻）
上端盖护套插座分布图**

（2）按照图 29-2 连接导线，R_L 为保护电阻，可选择创新单元适当电阻（参考值为 1 kΩ，可根据情况更换其他值）（注：光敏电阻对应结构件端盖的黄色和中心黑色插孔，无正负极之分，实验时可随意连接）。

（3）照度计打至"200 lx"挡，电压表打至"20 V"挡，电流表打至"200 μA"挡，逆时针旋转"电源调节"旋钮至不可调位置，将脉冲发生单元开关 S1、S2、S3 全部拨上。

（4）打开实验箱电源，调节照度计"调零"旋钮，至照度计显示为"000.0"为止，关闭实验箱电源。

(5)连接光路单元红色插孔至照度计输入"＋"插孔,连接光路单元黑色插孔至照度计输入"－"插孔。

(6)打开实验箱电源,此时光源指示显示"0",按"照度加"或"照度减"按钮,调节使照度计显示"100.0"lx 左右,调节"0～30 V 电源调节"旋钮,至电压表显示"0.00"V。此时电流表显示值即为照度为 100 lx,光敏电阻零偏时,流过光敏电阻的电流,记录此时数据。

(7)保持照度为 100 lx 不变,调节 W12,使光敏电阻两端偏压为 1 V、2 V、3 V、4 V、5 V、6 V、7 V、8 V、9 V、10 V,分别记录对应的电流值,并记录表 29-1 中。

表 29-1 光敏电阻伏安特性测试(100 lx 照度)

偏压/V	0	1	2	3	4	5	6	7	8	9	10
电流/mA											

(8)将照度计打至"2000 lx"挡,按"照度加"按钮,调节使光照为 200 lx、300 lx、400 lx、500 lx、600 lx,分别记录电压为 15 V、25 V 时,不同光照度下对应的电流值,并分别记录在表 29-2～表 29-6 中。

表 29-2 光敏电阻伏安特性测试(200 lx 照度)

偏压/V	0	1	2	3	4	5	6	7	8	9	10
电流/mA											

表 29-3 光敏电阻伏安特性测试(300 lx 照度)

偏压/V	0	1	2	3	4	5	6	7	8	9	10
电流/mA											

表 29-4 光敏电阻伏安特性测试(400 lx 照度)

偏压/V	0	1	2	3	4	5	6	7	8	9	10
电流/mA											

表 29-5 光敏电阻伏安特性测试(500 lx 照度)

偏压/V	0	1	2	3	4	5	6	7	8	9	10
电流/mA											

表 29-6 光敏电阻伏安特性测试(600 lx 照度)

偏压/V	0	1	2	3	4	5	6	7	8	9	10
电流/mA											

(9)实验完成后关闭电源开关,将"电源调节"旋钮逆时针旋至不可调位置,拆除连接导线并放置好。

六、实验报告要求

分析光敏电阻的伏安特性,并画出伏安特性曲线。

七、思考题

试绘制不同照度下的光敏电阻的伏安特性曲线，比较它们的异同。

实验 30 光敏电阻的光谱特性测试实验

一、实验目的

(1)了解光敏电阻的工作原理和使用方法。
(2)掌握光敏电阻的光谱特性及其测试方法。

二、实验仪器

光电探测原理综合实验箱一台；连接导线若干。

三、实验原理

对于不同波长的入射光，光敏电阻的相对灵敏度是不相同的，光谱特性多用相对灵敏度与波长的关系曲线表示。光敏电阻的光谱响应与光敏材料静态宽度、杂质电离能、材料掺杂比、掺杂浓度等因素有关。图 30-1 所示的为三种典型光敏电阻的光谱响应特性曲线。例如，由 CdS 材料制成的光敏电阻的光谱响应特性很接近人眼的视觉响应；CdSe 材料的光谱响应较 CdS 材料的光谱响应范围宽；PbS 材料的光谱响应范围最宽，为 $0.4 \sim 2.8~\mu m$，PbS 光敏电阻常用于火点探测与火灾预警系统。

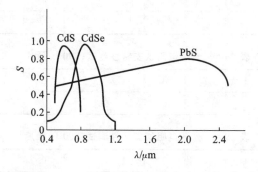

图 30-1　三种典型光敏电阻的光谱响应曲线

四、实验注意事项

(1)打开电源之前，将两个"电源调节"旋钮逆时针调至底端。
(2)实验操作中不要带电插拔导线，应该在熟悉原理后，按照电路图连接，检查无误后，方可打开电源进行实验。

（3）若照度计、电流表或电压表显示为"1_"时，说明超出量程，选择合适的量程再测量。

（4）严禁将任何电源对地短路。

五、实验步骤

（1）实验测试电路及套筒接口如图 30-2、图 30-3 所示。

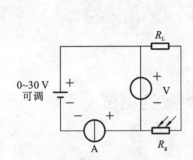

图 30-2　光敏电阻光谱特性测试电路

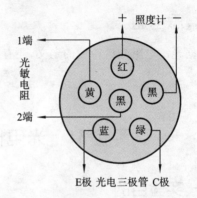

图 30-3　套筒四（光电三极管、光敏电阻）
上端盖护套插座分布图

（2）按照图 30-2 连接导线，R_L 为保护电阻，可选择创新单元适当电阻（参考值为 1 kΩ，可根据情况更换其他值）（注：光敏电阻对应结构件端盖的黄色和中心黑色插孔，无正负极之分，实验时可随意连接）。

（3）照度计打至"200 lx"挡，电压表打至"20 V"挡，电流表打至"200 μA"挡，逆时针旋动"电源调节"旋钮至不可调位置。

（4）打开实验箱电源，调节照度计"调零"旋钮，至照度计显示为"000.0"为止，关闭实验箱电源。

（5）连接光路结构红色插孔至照度计输入"＋"插孔，连接光路结构上的黑色插孔至照度计输入"－"插孔。

（6）打开实验箱电源，此时光源指示显示"0"。

（7）调节"0—30 V 电源调节"旋钮，使电压表示数为"10.00"V。

（8）迅速按下"颜色切换"按钮，然后弹起，使"光源指示"显示为"1"，按"照度加"或"照度减"按钮，使照度计显示在"80.0"lx 左右。记录此时电流表示值，记录在表 30-1 中。

（9）按照步骤（8）调节"颜色切换"按钮，"光源指示"分别显示"2""3""4""5""6"，调节对应光源下的照度至"80.0"lx 左右，同时记下在各个光源 80 lx 照度下电流表的示值，记录在表 30-1 中。

表 30-1　光敏电阻光谱特性测试

光源指示	1(红色)	2(橙色)	3(黄色)	4(绿色)	5(青色)	6(蓝色)
电流/mA						

注意：只要各个颜色光照度的值相同即可，不一定要在 80 lx。

（10）实验完成后关闭电源开关，将"电源调节"旋钮逆时针旋至不可调位置，拆除连接导线并放置好。

六、实验报告要求

(1)根据实验步骤,测量其余光照度(如 50 lx)下,光敏电阻的光谱特性。

(2)分析光敏电阻的光谱特性,画出光敏电阻的光谱特性曲线。

七、思考题

根据光敏电阻光谱特性的定义,还有哪些简单易行的测量光谱响应的方法?

实验 31　光电倍增管特性参数的测试

一、实验目的

(1)了解光电倍增管的基本特性。

(2)学习光电倍增管基本参数的测量方法。

(3)学会正确使用光电倍增管。

二、实验仪器

光电探测原理综合实验仪 1 台;光电倍增管暗箱 1 台;光源 1 个;照度计探头 1 个;双踪示波器 1 台;同轴电缆线 4 根。

三、实验原理

1. 工作原理

光电倍增管是一种真空光电器件,它主要由光入射窗、光电阴极、电子光学系统、倍增极和阳极组成。其工作原理为:当光照射光电倍增管的阴极 K 时,阴极向真空中激发出光电子(一次激发),这些光电子按聚焦极电场进入倍增系统,由倍增电极激发的电子(二次激发)被下一倍增极的电场加速,飞向该极并撞击在该极上再次激发出更多的电子,这样通过逐级的二次电子发射得到倍增放大,放大后的电子被阳极收集作为信号输出。

2. 供电分压器

从光电阴极到阳极的所有电极用串联的电阻分压供电,使管内各极间能形成所需的电场。光电倍增管的极间电压的分配一般由图 31-2 所示的串联电阻分压器执行的,最佳的极间电压分配取决于三个因素:阳极峰值电流、允许的电压波动以及允许的非线性偏离。

光电倍增管的极间电压可按前极区、中间区和末极区加以考虑。前极区的收集电压必须足够高,以使第一倍增极有高的收集率和大的次极发射系数。中间级区的各级间通常具有均匀分布的极间电压,以使管子获得最佳的增益。由于末极区各极,特别是末极区取较大的电流,所以末极区各极间电压不能过低,以免形成空间电荷效应而使管子失去应有的线性。

当阳极电流增大到能与分压器电流相比拟时,将会导致末极区间电压的大幅度下降,从而使光电倍增管出现严重的非线性。为防止极间电压的再分配以保证增益稳定,分压器电流至少为最大阳极电流的 10 倍。对于线性要求很高的应用场合,分压器电流至少为最大阳极平均电流的 100 倍。确定了分压器的电流,就可以根据光电倍增管的最大阳极电压算出分压器的总电阻,再按适当的极电压分配,由总电阻计算出分压电阻的阻值。

3. 电倍增管的特性和参数

光电倍增管的特性参数包括灵敏度、电流增益、光电特性、阳极特性、暗电流等。下面介绍本实验涉及的特性和参数。

(1)灵敏度。

灵敏度是衡量光电倍增管探测光信号能力的一个重要参数,一般是指积分灵敏度,其单位为 $\mu A/lm$。光电倍增管的灵敏度一般包括阴极灵敏度、阳极灵敏度。

(2)阴极光照灵敏度 S_K。

阴极光照灵敏度 S_K 是指光电阴极本身的积分灵敏度,定义为光电阴极的光电流 I_K 除以入射光通量 Φ 所得的商,即

$$S_K = \frac{I_K}{\Phi} \ (\mu A/lm) \tag{31-1}$$

光电倍增管阴极灵敏度的测量原理如图 31-1 所示。入射到阴极 K 的光照度为 E,光电阴极的面积为 A,则光电倍增管接收到的光通量为

$$\Phi = E \cdot A \tag{31-2}$$

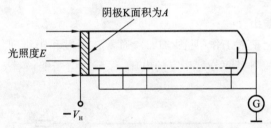

图 31-1 光电倍增管阴极灵敏度测量

由式(31-1)、式(31-2)可以计算出阴极、灵敏度。

入射到光电阴极的光通量不能太大,否则由于光电阴极层的电阻损耗会引起测量误差。光通量也不能太小,否则由于欧姆漏电流影响光电流的测量精度,通常采用的光通量的范围为 $10^{-5} \sim 10^{-2}$ lm。

(3)阳极光照灵敏度 S_P。

阳极光照灵敏度 S_P 是指光电倍增管在一定工作电压下阳级输出电流与照射阴极上光通量的比值

$$S_P = \frac{I_P}{\Phi} \ (A/lm) \tag{31-3}$$

(4)放大倍数(电流增益)G。

放大倍数 G(电流增益)定义为在一定的入射光通量和阳极电压下,阳极电流 I_P 与阴极电

流 I_K 的比值。

$$G = \frac{I_P}{I_K} \tag{31-4}$$

由于阳级灵敏度包含了放大倍数的贡献,于是放大倍数也可以由在一定工作电压下阳极灵敏度和阴极灵敏度的比值来确定,即

$$G = \frac{S_P}{S_K} \tag{31-5}$$

放大倍数 G 取决于系统的倍增能力,因此它是工作电压的函数。

(5)暗电流 I_d。

当光电倍增管在完全黑暗的情况下工作时,在阳极电路里仍然会出现输出电流,称之为暗电流。暗电流与阳极电压有关,通常是在与指定阳极光照灵敏度相应的阳极电压下测定的。引起暗电流的因素有热电子发射、场致发射、放射性同位素的核辐射、光反馈、离子反馈、极间漏电等。

(6)光电特性。

光电倍增管的光电特性定义为在一定的工作电压下,阳极输出电流 I_P 与光通量之间的曲线关系。

(7)时间特性。

由于电子在倍增过程中的统计性质以及电子的初速效应和轨道效应,从阴极同时发出的电子到达阳极的时间是不同的,因此,输出信号相对于输入信号会出现展宽和延迟现象,这就是光电倍增管的时间特性。

4. 高压供电与信号输出

为了使光电倍增管能正常工作(见图 31-2),通常在阴极和阳级间加上近千伏的高压。同时,还需在阴极、倍增极和阳极间分配一定的电压,保证光电子能被有效地收集,光电流通过倍增系统得到增大。

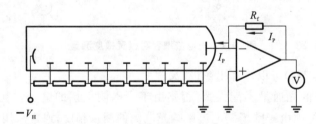

图 31-2　光电倍增管分压与信号输出电路

光电倍增管的供电方式有两种,即负高压接法(阴极接电源负高压,而电源正端接地)和正高压接法(阳极接电源正高压,而电源负端接地)

正高压接法的特点是可使屏蔽光、磁、电的屏蔽罩直接与管子外壳相连,甚至可以制成一体,因而屏蔽效果好,暗电流小,噪声水平低。但这时阳极处于正高压,会导致寄生电容增大。如果是直流输出,则不仅要求传输电缆能耐高压,而且后级的直流放大器也处于高电压,会产生一系列的不便;如果是交流输出,则可通过耐高压、噪声小的隔直电容。

负高压的优点是便于与后面的放大器连接,既可直流输出,又可交流输出,操作安全方便。

缺点是玻壳的电位与阴极电位接近,屏蔽罩应至少离开玻壳 1～2 cm;否则,由于静电屏蔽的寄生影响,暗电流与噪声都会增大。

四、注意事项

(1)光电倍增管对光的响应极为灵敏。因此,在没有完全隔绝外界干扰光的情况下,切勿对管施加工作电压,否则会导致管内倍增极的损坏。

(2)测量阴极电流时,加在阴极与第一倍增级之间的电压不可超过 200 V,否则容易损坏光电倍增管。

(3)不要用手触摸光电倍增管的阴极面,以免造成光电倍增管透光率下降。

(4)阴极和阳极之间在切换时,首先必须把电压调节到零。

(5)将光源从暗箱上拆下时,首先必须把电压调节到零。

五、实验内容

准备步骤:用同轴电缆线将光电倍增管暗箱的"PMT 输出"接口与实验箱上的"电流表"接口相连,用同轴电缆线将光电倍增管暗箱上的"高压输入"接口与实验箱上的"1100"接口相连,确保输入负高压("红"线接"1100 V"的黑色"－"接口,黑线接"1100 V"的红色"＋"接口),"0—30 V"输出接暗箱上的"光源",暗箱照度探头接平台上的照度表(2♯选对线颜色——对应),"电流正"和"电流负"接入电流表(2♯选对线颜色——对应),实验箱上"0—200 V/1100 V"的"＋"接电压表"－",实验箱上"0—200 V/1100 V"的"－"接电压表"＋"。

注:本实验采用的光电倍增管的受光面面积为 24 mm×8 mm。

1. 暗电流测量

(1)将光源旋接在光电倍增管暗箱上。

(2)将暗箱上的"阴极电流/阳极电流"开关(以下简称"阴极/阳极"开关)打到"阳极电流"挡。

(3)将实验仪上的"200 V/1100 V"开关打到"1100 V"挡,将"静态特性测试/时间特性测试"开关(以下简称"静态/时间"开关)打到"静态特性测试"挡。

(4)缓慢调节电压调节旋钮至电压表显示为 1000 V,记下此时电流表的显示值,该值即为光电倍增管在 1000 V 时的暗电流。

(5)将高压调节旋钮逆时针调节到零。

2. 阳极灵敏度测量

(1)将光电倍增管暗箱上的"阴极/阳极"开关打到"阳极电流"挡。

(2)将实验平台上的"200 V/1100 V"开关打到"1100 V"挡,将"静态/时间"开关打到"静态特性测试"挡;将光源与照度计探头旋接,并与实验仪上的光源驱动相连。连接完毕后,将光照度调节旋钮逆时针调节到零,按下照度表的换挡开关将照度表的量程调节到 20 lx 挡,调节调零旋钮将照度值调节到 0.00。

(3)缓慢调节光照度调节旋钮,将照度值调节到 10 lx。保持光照度调节旋钮不变。

(4)将光源旋接在光电倍增管暗箱上。缓慢调节高压调节旋钮,分别记下电压为 100 V、200 V、300 V、400 V、500 V、600 V、700 V、800 V、900 V 和 1000 V 时的阳极电流值。

（5）将高压调节旋钮逆时针调节到零；将光照度调节旋钮逆时针调节到零。

（6）绘出在 10 lx 时 I_A-V 关系曲线。

3. 阴极灵敏度测量

（1）将实验平台上的"200 V/1100 V"开关打到"200 V"挡。

（2）将实验平台上的"静态/时间"开关打到"静态特性测试"挡。

（3）将暗箱上的"阴极/阳极"开关打到"阴极电流"挡。

（4）将光源与照度计探头旋接，并与实验仪上的光源驱动相连。连接完毕后，将光照度调节旋钮逆时针调节到零，按下照度表的换挡开关将照度表的量程调节到 200 lx 挡，调节调零旋钮将照度值调节到 00.0。

（5）调节光照度调节旋钮使照度表显示为 100.0 lx。

（6）保持光照度调节旋钮不变，调节电压到输出电流饱和，记下此时的电流值 I_K。

（7）将高压调节旋钮逆时针调节到零；将光照度调节旋钮逆时针调节到零。

（8）按照公式 $S_K = \dfrac{I_K}{\Phi}$（μA/lm）计算阴极灵敏度。

4. 光电倍增管增益（放大倍数）的计算

（1）计算当光照度为 10 lx 时，阳级电压分别为 500 V、600 V、700 V、800 V、900 V 和 1000 V时的放大倍数。

（2）绘出该光强下的 G-V 曲线，并对曲线进行分析。

5. 光电倍增管光电特性测量

（1）将实验平台上的"静态/时间"开关打到"静态特性测试"挡。

（2）将光电倍增管暗箱上的"阴极/阳极"开关打到"阳极电流"挡。

（3）将实验平台上的"200 V/1100 V"开关打到"1100 V"挡。

（4）将光源与照度计探头旋接，并与实验仪上的光源驱动相连。连接完毕后，将光照度调节旋钮逆时针调节到零，按下照度表的换挡开关将照度表的量程调节到 20 lx 挡，调节调零旋钮将照度值调节到 0.00，然后调节光照度调节旋钮使照度表显示为 1 lx，保持光照度调节旋钮不变，将光源与照度计探头分开；再将光源旋接在光电倍增管暗箱上。

（5）缓慢增加电压到 1000 V（光电倍增管正常工作电压），记下此时电流值。

（6）将高压调节旋钮逆时针调节到零。

（7）重复步骤（4）、（5）和（6），分别测出光照度为 2 lx、3 lx、4 lx、5 lx、6 lx、7 lx、8 lx 和 9 lx时的电流值。

（8）绘出光电倍增管的 I_A-E 曲线并分析。

6. 光电倍增管的时间特性

注意：将"电流正"和"电流负"从电流表"＋""－"拆除，分别接 100 kΩ 电阻两端（电阻大小可根据实际情况调整），其他接线保持不变。

（1）将实验箱上的脉冲输出接到"光源"上，将"200 V/1100 V"开关打到"1100 V"挡。

（2）将光电倍增管暗箱上的"阴极/阳极"开关打到"阳极电流"挡。

（3）用双通道示波器探头 1 测试脉冲输出信号，用双通道示波器探头 2 测试电阻两端（若信号不稳定，可颠倒电阻两端进行测试），调节"占空比调节"旋钮，使示波器测量波形稳定最佳,读出 2 通道的上升时间,此上升时间即为时间响应特性参数(注意:示波器地线若未接好,容易造成所测波形抖动)。

(4)使电压稳定在 1000 V 左右,观察实验现象。

(5)将高压调节旋钮逆时针调节到零。

(6)记录实验现象,并对实验现象进行解释。

实验 32　PSD 位置传感器实验

位置传感器(position sensitive detector)简称 PSD,是一种光点位置敏感的光电器件。自 1957 年由 Wall Miark 提出后,其研究与应用不断,20 世纪 80 年代曾有过一段研究的高潮。由于受发射光的限制,其应用一度发展较慢。它与 CCD 电荷耦合器件不同,属于非离散型器件,在精密尺寸测元件中,其性能、价格价于 CCD 与其他光电阵列器件之间。近年来,由于半导体激光器的迅速发展,PSD 的光源在性能、体积上得到了很好的改善,促进了 PSD 器件广泛的实用研究。PSD 器件响应速度快、位置分辨率高,输出与光强度无关,仅仅与光点位置有关,其独特的工作方式,在精密尺寸测量、三维空间位置、机器人定位系统应用中有独到之处。

PSD 可分为一维 PSD 和二维 PSD,一维 PSD 可测出光点的一维位置坐标,而二维 PSD 可以检测出光点的平面位置坐标。PSD 传感器实验仪采用模拟电路,利用传感器两级输出的电流随光点位置变化而变换,经运算放大器进行电流电压变换、加减运算,最终根据输出的电压决定光斑中心位置。

实验仪光源采用 650 nm 半导体激光器,5 mW,直流驱动,带准直功能,可以调节光点大小。

一维 PSD 相关参数如下。

光敏区:1 mm×8 mm。

光谱范围:380~1100 nm。

峰值相应度:0.5 A/W。

位置分辨率:<0.5 μm。

暗电流:10 nA(V_r=5 V)。

极间电阻:50 kΩ。

PSD 位移支架参数:13 mm 移动距离,分辨率 0.01 mm。

电压表:220 mV、2 V、20 V 三挡可调。

一、实验目的

(1)了解 PSD 位置传感工作原理及其特性。

(2)了解并掌握 PSD 位置传感器测量位移的方法。

二、实验仪器

PSD 传感器实验仪 1 个；PSD 位移系统 1 套；连接线若干；电源线 1 根。

三、实验原理

PSD 为一具有 PIN 三层结构的平板半导体硅片。其断面结构如图 32-1 所示，表面层 P 为感光面，在其两边各有一信号输入电极，底层的公共电极用于加反偏电压。当光点入射到 PSD 表面时，由于横向电势的存在，产生光生电流 I_0，光生电流就流向两个输出电极，从而在两个输出电极上分别得到光电流 I_1 和 I_2，显然 $I_0 = I_1 + I_2$。而 I_1 和 I_2 的分流关系取决于入射光点到两个输出电极间的等效电阻。假设 PSD 表面分流层的阻挡是均匀的，则 PSD 可简化为图 32-2 所示的电位器模型，其中 R_1、R_2 为入射光点位置到两个输出电极间的等效电阻，显然 R_1、R_2 正比于光点到两个输出电极间的距离。

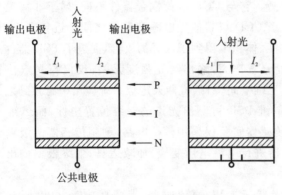
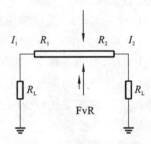

图 32-1　PSD 断面结构图　　　　　　　　　图 32-2　PSD 电位器模型

因为

$$I_1/I_2 = R_2/R_1 = (L-X)/(L+X)$$
$$I_0 = I_1 + I_2$$

所以可得

$$I_1 = I_0(L-X)/(2L)$$
$$I_2 = I_0(L+X)/(2L)$$
$$X = (I_2 - I_1/I_0)L$$

当入射光恒定时，I_0 恒定，则入射光点与 PSD 中间零位点距离 X 与 $I_2 - I_1$ 成线性关系，与入射光点强度无关。通过适当的处理电路，就可以获得光点位置的输出信号。

四、注意事项

(1)激光器输出光不得对准人眼，以免造成伤害。

(2)激光器为静电敏感元件，因此操作者不要用手直接接触激光器引脚以及引脚连接的任何测试点和线路，以免损坏激光器。

(3)不得扳动面板上面的元器件，以免造成电路损坏，导致实验仪不能正常工作。

五、实验操作

1. 一维 PSD 光学系统组装调试实验

（1）将面板上的激光器输出端"L""C"按颜色用导线对应连接至 PSD 位移装置上（激光器端）。将面板上的 PSD 输入端"PSDI1""Vref""PSDI2"按颜色用导线连接至 PSD 位移装置上（探测器端）。

（2）将 PSD 传感器实验单元电路连接起来，即 V_{o1} 与 V_{i1} 连接，V_{o2} 与 V_{i2} 连接，V_{o4} 与 V_{i5} 连接，V_{o5} 与 V_{i6} 连接，将电压表输入端用导线接到实验模板的 V_{o7} 和参考地端。

（3）打开电源，实验模板开始工作。调整升降杆和测微头固定螺母，转动测微头使激光光点能够在 PSD 受光面上的位置从一端移向另一端，最后将光点定位在 PSD 受光面上的正中间位置（目测）。罩上遮光罩。

（4）调节零点调整旋钮，使电压表显示值为 0。调节增益旋钮，转动测微头使光点移动到 PSD 受光面一端，调节输出幅度调节旋钮，使电压表显示值在 $-3\sim+3$ V 变化。

（5）关闭电源。

2. 激光器驱动实验

（1）激光器工作在恒动状态，即激光器输出光功率恒定。该电路在测量使用中最大的优点就是可以防止光功率变化导致测量结果不准确。

（2）恒功原理框图如图 32-3 所示（注意：激光器和探测器实际为一体化设计）。

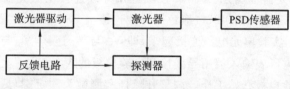

图 32-3　恒功原理框图

通过探测器对激光器输出光强度监测，经过反馈电路对输出光进行调整，从而使激光器输出功率恒定。

3. PSD 特性测试实验

（1）将面板上的激光器输出端"L""C"按颜色用导线对应连接至 PSD 位移装置上（激光器端）。将面板上的 PSD 输入端"PSDI1""Vref""PSDI2"按颜色用导线连接至 PSD 位移装置上（探测器端）。

（2）将 PSD 传感器实验单元电路连接起来，即 V_{o1} 与 V_{i1} 连接，V_{o2} 与 V_{i2} 连接，V_{o3} 与 V_{i5} 连接，V_{o5} 与 V_{i6} 连接，将电压表输入端用导线接到实验模板的 V_{o7} 和"⊥"上。

（3）打开电源，实验模板开始工作。调整升降杆和测微头固定螺母，转动测微头使激光光点能够在 PSD 受光面上的位置从一端移向另一端，罩上遮光罩。

（4）转动测微头使激光光点能够在 PSD 受光面上的位置从一端移向另一端，观察电压表显示结果。

（5）对结果进行分析。

4.PSD 输出信号处理及误差补偿实验

(1)将面板上的激光器输出端"L""C"按颜色用导线连接激光器装置上。将面板上的 PSD 输入端"PSDI1""Vref""PSDI2"按颜色用导线连接至 PSD 位移装置上。

(2)将 PSD 传感器实验单元电路连接起来,即 V_{o1} 与 V_{i1} 接,V_{o2} 与 V_{i2} 接,V_{o4} 与 V_{i5} 接,V_{o5} 与 V_{i6} 接,将电压表输入端用导线接到实验模板的 V_{o7} 和"⊥"上。

(3)打开电源,实验模板开始工作。调整升降杆和测微头固定螺母,转动测微头使激光光点能够在 PSD 受光面上的位置从一端移向另一端,最后将光点定位在 PSD 受光面上的正中间位置(目测),调节零点调整旋钮,使电压表显示值为 0。转动测微头使光点移动到 PSD 某一固定位置,调节输出幅度调整旋钮,使电压表显示值为一固定值。

(4)断开 V_{o1} 与 V_{i1} 的连接,V_{o2} 与 V_{i2} 和电压表的连接,用电压表测量 V_{o1} 和 V_{o2} 的电压值,即为 PSD 两路输出电流经过 I/V 变化处理结果。

(5)连接 V_{o1} 与 V_{i1},V_{o2} 与 V_{i2},断开 V_{o4} 与 V_{i5} 的连接,用电压表测量 V_{o4} 的值,分析 V_{o3}、V_{o4} 分别和 V_{o1}、V_{o2} 的关系。

(6)连接 V_{o3} 与 V_{i5},断开 V_{o5} 与 V_{i6},调节增益调整旋钮,用电压表观察 V_{o6} 的电压变化。

(7)连接 V_{o5} 与 V_{i6},调节零点调节旋钮,用电压表观察 V_{o7} 的电压变化。分析误差补偿原理。

5.PSD 测位移原理实验及实验误差测量

(1)将面板上的激光器输出端"L""C"按颜色用导线连接至激光器装置上。将面板上的 PSD 输入端"PSDI1""Vref""PSDI2"按颜色用导线连接至 PSD 位移装置上。

(2)将 PSD 传感器实验单元电路连接起来,即 V_{o1} 与 V_{i1} 连接,V_{o2} 与 V_{i2} 连接,V_{o4} 与 V_{i5} 连接,V_{o5} 与 V_{i6} 连接,将电压表输入端用导线接到实验模板的 V_{o7} 和"⊥"上。

(3)打开电源,实验模板开始工作。调整升降杆和测微头固定螺母,转动测微头使激光光点能够在 PSD 受光面上的位置从一端移向另一端,最后将光点定位在 PSD 受光面上的正中间位置(目测),调节零点调整旋钮,使电压表显示值为 0。转动测微头使光点移动到 PSD 受光面一端,调节输出幅度调节旋钮,使电压表显示值在 $-3\sim3$ V 变化。

(4)从 PSD 一端开始旋转测微头,使光点移动,取 $\triangle X = 0.5$ mm,即转动测微头一转。读取电压表显示值,填入表 32-1 中,画出位移-电压特性曲线。

表 32-1　PSD 传感器位移值与输出电压值

位移量/mm	0	0.5	1	1.5	2	2.5	3	3.5
输出电压/V								
位移量/mm	4	4.5	5	5.5	6	6.5	7	7.5
输出电压/V								

(5)根据表 32-1 所列的数据,计算中心量程 2 mm、3 mm、4 mm 时的非线性误差。

六、实验思考题

试分析二维 PSD 的工作原理。

七、实验测试点说明

(1)"L""C"为 PSD 位移装置激光器提供电源。

(2)"PSDI1""Vref""PSDI2"为 PSD 位移装置的 PSD 传感器引入端,按顺序连接。

(3)V_{o1}、V_{o2}分别为 PSD 两路 I/V 变化输出端。

(4)V_{o3}、V_{o4}分别为加、减器输出端。

(5)V_{o7}、⊥为输出电压检测点,接主机箱电压表。

实验 33　光纤布拉格光栅传感实验

光纤光栅利用材料的光敏性(外界入射和纤芯内锗离子相互作用引起折射率的永久性变化),在纤芯内形成空间相位光栅,其作用相当于在纤芯形成一个窄带的透射或反射滤波器。光纤布拉格光栅(FBG)是最常见的一种光纤光栅,该光栅的栅格周期为常数,具有窄的反射带宽(0.1 nm 量级)和高的峰值反射率(接近 100%),且纵向应变与波长漂移量之间为线性关系,温度变化与波长漂移量之间同样为线性关系。利用这一特性,光纤布拉格光栅可以制成各类光纤干涉仪以及各种用于检测应力、应变、温度等参量的光纤传感器。

一、实验目的

(1)通过测量了解 FBG 的反射谱和带宽。

(2)理解 FBG 应变传感原理,验证其轴向应变与波长漂移量之间的线性关系,测量相对波长漂移-应变灵敏度,与理论值比较。

(3)理解 FBG 温度传感原理,验证温度变化与波长漂移量之间的线性关系,测量相对波长漂移-温度变化灵敏度,与理论值比较。

二、实验仪器

光纤布拉格光栅、TFBGD-210 型光纤光栅波长解调仪、酒精灯、水槽、温度计。

TFBGD-210 型光纤光栅解调仪,内部使用波长连续扫描的激光光源来代替宽带光源,波长扫描频率最高为 100 Hz,波长范围为 1510～1590 nm,中心波长为 1550 nm,波长分辨率为 1 pm。解调仪正面为显示区和键盘输入区,与光纤光栅的连接接口在仪器背面,扫描激光通过该接口输出到光纤光栅中,从光栅反射回来的激光光束通过同一接口接回该解调仪。仪器面板可显示各采样时刻点光栅的反射波长以及波长随时间的变化曲线,也可以显示光栅的反射光谱曲线。

三、实验原理

1. FBG 结构及基于波长漂移检测的光纤传感机理

FBG 结构如图 33-1 所示,纤芯处用明暗条纹代表折射率的周期性分布。

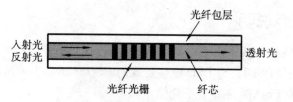

图 33-1　光纤布拉格光栅结构

在制作中利用紫外激光形成的均匀干涉条纹对纤芯从侧面进行曝光,其效果是在纤芯上沿轴线对折射率进行调制,使折射率变化遵循如下正弦规律:

$$\Delta n = \Delta n_{\max} \cos \left(\frac{2\pi}{\Lambda} z \right) \tag{33-1}$$

式中:$\Delta n_{\max}$ 为折射率变化量的最大值(一般为 $10^{-5} \sim 10^{-4}$ 量级);Λ 为栅格周期,即紫外激光的干涉条纹间距(一般为几百纳米)。根据耦合波理论,这种均匀周期正弦型光栅的反射谱对应的中心波长满足下面的布拉格方程

$$\lambda_B = 2n_{\mathrm{eff}}\Lambda \tag{33-2}$$

式中:λ_B 称为布拉格波长(一般设计在通信窗口 1550 nm 附近);n_{eff} 是纤芯的有效折射率。由该方程可知,FBG 的布拉格波长 λ_B 取决于光栅周期 Λ 和纤芯的有效折射率 n_{eff}。任何使这两个量发生改变的物理过程都将引起 λ_B 的漂移。由此,一种新型的基于波长漂移检测的光纤传感机理被提出。然而,该传感机理能得到广泛的实际应用还要得益于 FGB 有非常窄的反射带宽,经理论推导,反射谱的半峰值宽度(反射率下降到最大值一半对应的全宽度,简称为反射带宽)为

$$\Delta\lambda_B = \lambda_B \sqrt{\left(\frac{\Delta n_{\max}}{2n_{\mathrm{eff}}} \right)^2 + \left(\frac{\Lambda}{L} \right)^2} \tag{33-3}$$

式中:L 是光栅长度(一般为几毫米)。代入各物理量进行估算,反射带宽 $\Delta\lambda_B$ 为 0.1 nm 量级,即 FBG 有非常窄的反射带宽或锐利的反射谱线。利用这个特点,当栅格周期 Λ 或有效折射率 n_{eff} 变化引起布拉格波长 λ_B 的微小漂移时,波长漂移量都能被准确探测。

2. FBG 均匀轴向应变传感原理

由布拉格方程,应力引起的布拉格波长漂移为

$$\Delta\lambda_B = 2n_{\mathrm{eff}}\Delta\Lambda + 2\Delta n_{\mathrm{eff}}\Lambda \tag{33-4}$$

式中:$\Delta\Lambda$ 表示光纤本身在应力作用下的弹性变形;Δn_{eff} 表示由弹光效应引起的折射率的变化量。忽略波导效应(忽略由光纤形变造成纤芯直径变化而引起的折射率变化),可得

$$\Delta\lambda_B = 2 \left(n_{\mathrm{eff}} \frac{\partial \Lambda}{\partial l} + \Lambda \frac{\partial n_{\mathrm{eff}}}{\partial l} \right) \Delta l \tag{33-5}$$

上式第一项为形变效应导致的波长偏移;第二项为弹光效应导致的波长偏移。有

$$\Delta\lambda_B / \lambda_B = \left(\frac{\partial \Lambda}{\Lambda} \bigg/ \frac{\partial l}{l} + \frac{\partial n_{\mathrm{eff}}}{n_{\mathrm{eff}}} \bigg/ \frac{\partial l}{l} \right) \frac{\Delta l}{l} \tag{33-6}$$

当对 FBG 进行纵向拉伸或压缩时,FBG 受到均匀轴向应力,光栅产生的应变满足

$$\varepsilon_z = \frac{\partial \Lambda}{\Lambda} = \frac{\partial l}{l} = \frac{\Delta l}{l} \tag{33-7}$$

上式代入式(33-6),可得

$$\frac{\Delta\lambda_B}{\lambda_B} = \left(1 + \frac{1}{\varepsilon_z}\frac{\partial n_{\text{eff}}}{n_{\text{eff}}}\right)\varepsilon_z \tag{33-8}$$

令 $P_e = -\frac{1}{\varepsilon_z}\frac{\partial n_{\text{eff}}}{n_{\text{eff}}}$ 为有效应变弹光系数,则式(33-8)可写成

$$\frac{\Delta\lambda_B}{\lambda_B} = (1 - P_e)\varepsilon = k_\varepsilon\varepsilon_z \tag{33-9}$$

式中:k_ε 为相对波长漂移-应变灵敏度系数,理论推导可得

$$P_e = \frac{n_{\text{eff}}^2\left[P_{12} - \nu(P_{11} + P_{12})\right]}{2} \tag{33-10}$$

式中:P_{ij}($j = 1,2$)为 Pockel 系数;ν 为 Poisson 比。对于石英光纤,$P_{11} = 0.121$,$P_{12} = 0.270$,$\nu = 0.17$,$n_{\text{eff}} = 1.456$,算得 $P_e = 0.216$,$k_\varepsilon = 0.784$。当 $\lambda_B = 1550$ nm 时,应变 $\varepsilon = 10^{-6}$ 对应的波长漂移量为 1.22 pm。

3. 轴向拉伸实验方案

实验原理图如图 33-2 所示,左端光纤夹具固定在台面上,右端光纤夹具在与光纤轴向同方向的拉力作用下带动光纤伸长。拉力变化量可由增加的砝码读出。光纤反射波长由光纤光栅解调仪读出。

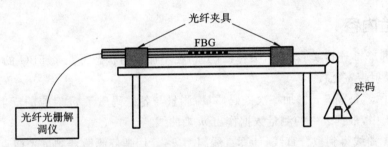

图 33-2　实验原理图

设光纤光栅截面积为 S,弹性模量为 E($E = 7\times10^{10}$ Pa),光纤轴向应力为 σ_z,所受轴向拉力为 F_z,有

$$\varepsilon_z = \frac{\sigma_z}{E} = \frac{F_z}{SE} \tag{33-11}$$

$$\Delta\lambda_B = k_\varepsilon\lambda_B\frac{F_z}{SE} \tag{33-12}$$

设光栅截面半径为 R,砝码篮质量为 M,当砝码质量为 m_1 时,FBG 反射波长为 λ_1,当砝码质量为 m_2 时,FBG 反射波长为 λ_2,则

$$\lambda_1 - \lambda_B = k_\varepsilon\lambda_B\frac{(M + m_1)g}{\pi R^2 E} \tag{33-13}$$

$$\lambda_2 - \lambda_B = k_\varepsilon\lambda_B\frac{(M + m_2)g}{\pi R^2 E} \tag{33-14}$$

$$\Delta\lambda = \lambda_2 - \lambda_1 = k_\varepsilon\lambda_B\frac{\Delta mg}{\pi R^2 E} \tag{33-15}$$

式中:$\Delta m = m_2 - m_1$。设 $k_F = \Delta\lambda/\Delta m$,得到 k_F 与 k_ε 的关系

$$k_F = k_\varepsilon \frac{\lambda_B g}{\pi R^2 E} \tag{33-16}$$

4. FBG 温度传感原理

由光栅布拉格方程,外界温度变化时引起的布拉格波长漂移仍由式(33-4)表示。根据引起折射率变化和栅格周期变化的物理因素(忽略波导效应),将式(33-4)进一步展开得到:

$$\Delta\lambda_B = 2\left[\frac{\partial n_{\text{eff}}}{\partial T}\Delta T + (\Delta n_{\text{eff}})_{\text{ep}}\right]\Lambda + 2n_{\text{eff}}\frac{\partial\Lambda}{\partial T}\Delta T \tag{33-17}$$

式中:$\partial n_{\text{eff}}/\partial T$ 表示 FBG 的折射率温度系数,用 ξ 表示;$(\Delta n_{\text{eff}})_{\text{ep}}$ 代表热膨胀引起的弹光效应;$\partial\Lambda/\partial T$ 代表 FBG 的线性热膨胀系数,用 α 表示。式(33-6)可以改写成:

$$\frac{\Delta\lambda_B}{\lambda_B} = \left\{\frac{1}{n_{\text{eff}}}[\xi + (\Delta n_{\text{eff}})_{\text{ep}}] + \alpha\right\}\Delta T = k_T\Delta T \tag{33-18}$$

k_T 为相对波长漂移-温度灵敏度,理论推导可得:

$$(\Delta n_{\text{eff}})_{\text{ep}} = -\frac{n_{\text{eff}}^3}{2}(P_{11} + 2P_{12})\alpha \tag{33-19}$$

对于石英光纤,$\xi = 6.8 \times 10^{-6} n_{\text{eff}}/℃$,$\alpha = 5.5 \times 10^{-7}/℃$,其他参数如前所述。代入式(33-18)可算得 $k_T = 0.6965 \times 10^{-5}/℃$。当 $\lambda_B = 1550$ nm 时,单位温度变化对应的波长漂移量为 10.8 pm。

四、实验内容

(1)按照图 33-2 连接实验装置,去掉砝码篮,在不加拉力状态下测量 FBG 的反射谱、布拉格波长 λ_B 和反射带宽 $\Delta\lambda_B$。

(2)从零开始,每隔 5 g 增加一次砝码质量,测量与各砝码质量 m 对应的反射峰中心波长 λ,填入表 33-1 中,根据表中的测量数据作出 m-λ 曲线。

(3)由 m-λ 曲线得到拟合直线,计算直线斜率 k_F。用螺旋测微器测量光栅直径。利用 k_F 与 k_ε 的关系计算相对波长漂移-应变灵敏度系数 k_ε,并与理论值进行比较。

(4)去掉夹具和砝码篮,将 FBG 置于水槽中,用酒精灯对水槽中的水缓慢加热,从 20 ℃起,每隔 10 ℃测量一次反射波长 λ,填入表 33-2 中,根据表中的测量数据作出 T-λ 曲线。

(5)由 T-λ 曲线得到拟合直线,计算直线斜率以及相对波长漂移-温度灵敏度系数 k_T,并与理论值进行比较。

五、数据处理

1. FBG 轴向应变传感的实验数据

表 33-1　轴向应变-波长漂移量测量表格

光栅半径 $R =$

砝码质量 m/g	0	5	10	15	20	25	30	35	40	45	50
反射波长 λ /nm											
砝码质量 m/g	55	60	65	70	75	80	85	90	95	100	
反射波长 λ /nm											

2.FBG 温度传感的实验数据

表 33-2　温度变化-波长漂移量测量表格

温度 T/(℃)	20	30	40	50	60	70	80	90	100
反射波长 λ /nm									

六、注意事项

(1)光纤光栅非常脆弱,容易损坏,增减砝码时动作要轻、慢,防止损坏。

(2)光纤光栅反射波长对温度敏感,在轴向应变传感实验过程中应控制室温,减少环境温度变化对实验结果的影响。

(3)夹具和滑轮的安装应保证在一条直线上,固定端夹具应牢固固定在平台上,减少实验过程中的振动和晃动。

(4)温度传感实验要求水温缓慢上升,便于准确读取温度值和对应的反射波长,如水温上升较快,可增加水槽水量进行实验。

实验 34　可调光纤 F-P 干涉仪特性实验

光纤 F-P 干涉仪是将高反射率微腔制作在单模光纤上的 F-P 干涉仪,当相干光束沿光纤入射到此微腔时,光束在微腔的两端面多次反射形成多光束干涉。光纤 F-P 干涉仪的反射谱或透射谱为梳状滤波谱,当微腔腔长发生变化时,谱线峰值波长随之改变。当外界参量(力、电压、磁场等)以一定方式作用于此微腔,通过改变外界参量可调节腔长,即构成了可调光纤 F-P 干涉仪或光纤 F-P 力/电压/磁场等传感器。通过探测可调光纤 F-P 干涉仪的反射峰或透射峰峰值波长的变化量即可解调出腔长,继而得到作用在微腔上的外界参量。

一、实验目的

(1)理解光纤 F-P 干涉仪的构造和光学特性。

(2)学习电压可调光纤 F-P 干涉仪(压变陶瓷型)的传感原理。

二、实验仪器

MOI FFP-TF2 型可调光纤 F-P 干涉仪、宽带光源 SLED、光纤光谱仪、直流电源。

MOI FFP-TF2 型可调光纤 F-P 干涉仪是一种利用压电陶瓷调节腔长的透射型干涉仪,波长范围为 1260~1620 nm。通过改变施加在压电陶瓷上的电压来调节自由谱宽 FSR 以及透过峰的中心波长。电压调节幅度为 0~18 V。

三、实验原理

1. 光纤 F-P 干涉仪结构及其光谱特性

光纤 F-P 干涉仪可以分为本征型、非本征型和线型复合腔型三类,最常见且目前应用最为广泛的是非本征型光纤 F-P 干涉仪。它由两个端面镀膜的单模光纤,端面严格平行、同轴,密封在一个特制管道内而成,如图 34-1 所示。这样,两个镀膜端面之间就构成了光学 F-P 腔。

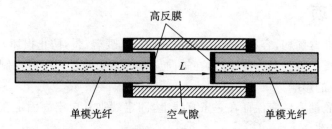

高反膜

L

单模光纤　　　　空气隙　　　　单模光纤

图 34-1　非本征型光纤 F-P 干涉仪结构

设两个端面的反射率均为 R,入射光波长为 λ。根据多光束干涉原理,F-P 腔的透射率函数为

$$T = \frac{(1-R)^2}{1+R^2-2R\cos\phi} \tag{34-1}$$

式中:ϕ 为两束相邻透射光之间的相位差,即

$$\phi = \frac{4\pi}{\lambda}nL \tag{34-2}$$

n 为两个镀膜端面之间所夹材料的折射率,当微腔内材料是空气时,$n=1$。当相位差 ϕ 为 2π 的整数倍时,透射率函数式取最大值 $T=1$,对应的透射峰中心波长为

$$\lambda_T = \frac{2L}{m}, \quad m=1,2,3,\cdots \tag{34-3}$$

可见在波域内,透射峰个数为无穷个,不同的 m 值对应不同的透射峰。取腔长 $L=12\ \mu m$,根据式(34-1)和式(34-2),在 $1450\sim1650$ nm 范围内作出三种不同的端面的反射率下的透射率 T 关于波长 λ 的曲线,如图 34-2 所示。

由图 34-2 可见,F-P 干涉仪透射谱为梳状滤波谱,定义相邻两透射峰之间的间隔为 FSR,则在波域内,有

$$\text{FSR} = \Delta\lambda_T = \frac{\lambda^2}{2L} \tag{34-4}$$

在频域内,有

$$\text{FSR} = \Delta\nu_T = \frac{c}{2L} \tag{34-5}$$

由以上分析可得到如下结论:

(1)在频域内 FSR 为常数,透射峰是等间距的。当腔长 L 减小,FSR 增加,透射峰在频率轴上右移。

(2)在波域内,FSR 与波长有关。透射峰非等间距,随着波长增加,间距也增加。当腔长 L 减小,FSR 减小,透射峰在波长轴上左移。

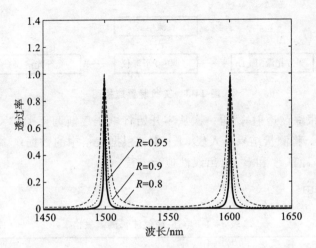

图 34-2　透过率曲线

2. 可调光纤 F-P 干涉仪传感原理

如图 34-1 所示,本实验所用 MOI FFP-TF2 型可调光纤 F-P 干涉仪是将两个端面镀膜的单模光纤密封在一个压电陶瓷管道内。压电陶瓷受电场作用而产生的形变量与电场的关系为

$$S = dE + ME^2 \tag{34-6}$$

式中:d 为压电系数;M 为电致伸缩系数;E 为电场强度;S 为形变量。式中第一项为逆压电效应,第二项为电致伸缩效应。当逆压电效应远大于电致伸缩效应时,略去第二项,压电陶瓷形变量(伸缩量)与电场(外加电压)成正比,伸缩方向为当所加电压增加时,压电陶瓷缩短,同时带动微腔腔长缩短。腔长变化量 ΔL 即为压电陶瓷伸缩量,与所加电压成正比。设未加电压时腔长为 L_0,则电压为 U 时腔长为

$$L = L_0 + \Delta L = L_0 - kU \tag{34-7}$$

将式(34-7)代入式(34-3),得到透射峰中心波长与电压的关系

$$\lambda_T = \frac{2(L_0 - kU)}{m} = A - BU, \quad m = 1, 2, 3, \cdots \tag{34-8}$$

由式(34-8)可知,对理想的线性逆压变压电陶瓷,可调 F-P 干涉仪透射峰中心波长与所加电压成线性关系,且随外加电压增加,透射峰中心波长减小。对该线性关系进行定标后,即可通过探测透射峰中心波长来测量电压。

四、实验内容

(1)将 SLED 光源输出光通过光纤直接连接在光谱仪上,观察其输出光谱,测量中心波长与 3 dB 带宽。

(2)按照图 34-3 连接实验仪器

(3)在不加电压时用光纤光谱仪观测透过 F-P 干涉仪的光功率曲线,测量不加电压时的自由谱宽 FSR。根据式(34-4)估算不加电压时的腔长 L_0。

(4)增加电压 U,从零开始逐渐增加到 15 V,在光谱仪上观察 1500~1600 nm 波段上透射峰移动情况。在该波段上可能出现 1 到 2 个透射峰,在增加电压的过程中,至少有一个透射峰

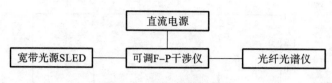

图 34-3　实验装置连接图

不会移出该波段。跟踪该透射峰,再一次从零开始将电压逐渐调至 15 V,每隔 0.5 V 测量一次该透射峰波长 λ_T。将测量结果填入表 34-1 中。根据表格中的数据作 λ_T-U 曲线,验证二者之间的线性关系,并计算 A 和 B,给出线性拟合方程。

五、数据处理

表 34-1　电压-峰值波长测量表格

电压 U/V	0	0.5	1	1.5	2	2.5	3	3.5	4	4.5	5
透射波长 λ_T/nm											
电压 U/V	5.5	6	6.5	7	7.5	8	8.5	9	9.5	10	10.5
透射波长 λ_T/nm											
电压 U/V	11	11.5	12	12.5	13	13.5	14	14.5	15		
透射波长 λ_T/nm											

六、思考题

(1)光谱仪测得的透过光功率曲线与 F-P 干涉仪的透射率曲线形状一致吗? 为什么?

(2)当改变电压时,光谱仪测得的峰值功率为何会发生变化? 当电压较大时,透过峰为何会功率过小而探测不到?

(3)若在频域内观察,电压-透射峰频率之间是线性关系吗?

第六部分　CCD基础与应用实验

电荷耦合器件(charge coupled devices,CCD)是20世纪70年代初期发明的新型集成光电传感器件,它有线阵列和面阵列两种基本类型,各有不同的工作原理与特性。CCD由于工作原理简单,易于掌握,通常用于工业领域的非接触自动检测设备上,尤其是自动化生产过程或生产线上用作在线非接触光电检测设备,主要检测物体的尺寸、运动速度、加速度、运动规律、位置、面形、粗糙度、变形量、光学特性变化、条码信息和其他应用。本部分实验循序渐进地引导学生对CCD的学习和理解,通过对这些代表性的应用实验,充分认识和理解CCD在工业领域非接触测量工作中的重要地位。

实验35　线阵CCD驱动实验

一、实验目的

(1)掌握用双踪迹示波器观测二相线阵CCD驱动脉冲的频率、幅度、周期和各路驱动脉冲之间的相位关系等的测量方法。

(2)通过观测线阵CCD不同驱动脉冲频率、幅度、周期、延迟等,掌握二相线阵CCD的基本工作原理,理解各驱动脉冲在电路中的作用,理解电荷转移的过程。

二、实验仪器

半导体激光器一台、线阵CCD配套软件一套,具体如表35-1所示。

表35-1　实验仪器清单

实验仪器名称	规格	数量
实验机箱		1
90 mm导轨	90 mm宽,30 mm高,600 mm长	1
120 mm滑块	120 mm宽,40 mm长	2
调节套筒	L76 mm	2
支杆	L76 mm,双头阳螺纹	2
激光管夹持器	$\phi25\sim\phi50$ mm,V形	1
光纤准直镜	通光$\phi30$ mm,接口FC/PC	1
光纤耦合半导体激光器	650 nm,2 mW,功率可调	1

续表

实验仪器名称	规格	数量
相机防尘盖	C 接口	1
电源线	三相电源线,220 V	1
线阵 CCD 组件	M52 接口,USB 输出	1
香蕉头鳄鱼夹测试线	1 头香蕉插头,1 头鳄鱼夹子	1

三、实验原理

1. 工作原理

如图 35-1 所示,CCD 主要由感光部分、转移存储和移位输出控制等部分组成。CCD 的感光部分称为光(像)敏单元,光敏单元是光电二极管或 MOS 或 CMOS 的阵列。光敏单元一般加有电压,用以控制光敏单元的电容,由于有电容属性,因而可以存储电荷。光照射到光敏单元产生电子-空穴对,电子-空穴对存储在光敏单元中。存储的电荷在一定时间后转移到移位寄存器,移位寄存器为 MOS 结构,MOS 的电容可以存储电荷。相邻 2 次电荷转移的时间间隔称为积分时间,由于电荷的转移时间很短,因此一般认为电荷转移的周期便是积分时间,积分时间也就是光敏单元接受光照的时间。CCD 的移位寄存器的 MOS 结构有挡光层,因此不能产生电子-空穴对,对于两相 CCD,移位寄存器的 MOS 数目是光敏单元的 2 倍。移位寄存器上加有驱动脉冲信号,使存储的电荷按一定次序串行输出。

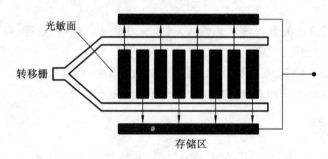

图 35-1　线阵 CCD 器件芯片结构示意图

2. 二相线阵 CCD 结构示意图

本实验使用的是东芝 TCD1208AP 二相线阵 CCD 芯片。TCD1208AP 是一款 5 V 供电的高灵敏度、低暗电流的图像传感器,它包括 2160 个有效像敏单元,每个像敏单元大小为 14 μm(即像敏单元中心间距)。

图 35-2 所示的为 TCD1208AP 的基本结构原理图。由 2212 个 PN 结光电二极管构成光敏元阵列,其中前 40 个和后 12 个是用作暗电流检测而被遮蔽的,中间 2160 个光电二极管是曝光像敏单元,故一行完整的信号输出有 2160 个像元。每个光敏单元尺寸为 14 μm×14 μm,中心间距也是 14 μm。光敏元阵列总长 30.24 mm,光敏单元两边是转移栅,最外边是模拟转移寄存器,其输出部分由信号输出单元和补偿单元构成。

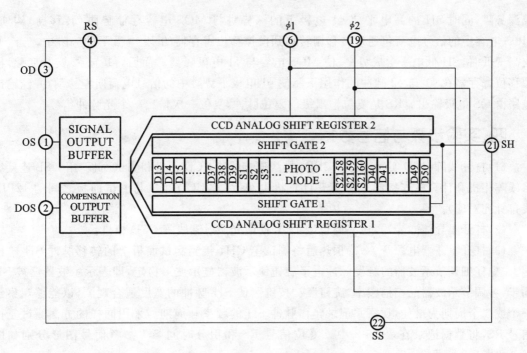

图 35-2　TCD1208AP 内部结构图

3.二相线阵 CCD 的工作时序

二相线阵 CCD 工作时主要由四路时序脉冲控制：SH、$\phi1$、$\phi2$ 和 RS，其中 SH 是转移栅脉冲，$\phi1$、$\phi2$ 是模拟转移寄存器驱动脉冲，RS 是复位脉冲。其时序图如图 35-3 所示。

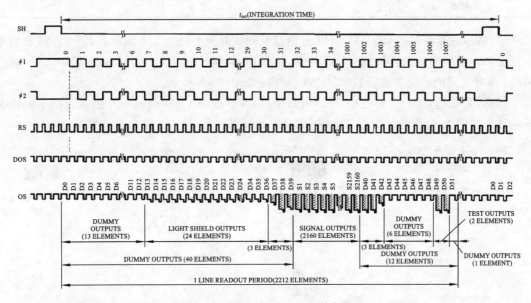

图 35-3　TCD1208AP 工作时序图

TCD1208AP 在图 35-3 所示的驱动时序脉冲下工作。当 SH 高电平来到时，$\phi1$ 为高电平，$\phi2$ 为低电平（$\phi1$、$\phi2$ 相互为互补时序脉冲）。CCD 模拟转移寄存器中所有 $\phi1$ 电极下均形成深势阱,同时 SH 的高电平使 φ1 电极下的深势阱与 MOS 电容存储势阱(转移栅)沟通,MOS 电容中的信号电荷包通过转移栅转移到模拟移位寄存器的 φ1 电极下的势阱中。当 SH 由高变低时,SH 低电平形成势垒,使 MOS 电容与 φ1 电极隔离。而后,φ1 与 φ2 交替变化,模拟移位寄存器在 φ1 与 φ2 脉冲的作用下驱使 φ1 电极下势阱中的信号电荷向左移动,并经输出电路由 OS 电极输出。RS 是复位输出级的复位脉冲,复位一次输出一个光脉冲信号。

四、实验步骤与信号数据

(1)打开线阵 CCD 实验箱,用 12PIN 排线连接线阵 CCD 相机和测试面板,用 USB 连接线将线阵相机和计算机连接起来并打开计算机电源(注意 CCD 相机与测试面板之间的 12PIN 线排针孔对应)。

(2)打开半导体激光器,功率调至最小,并使激光照射到线阵 CCD 相机。

(3)打开示波器电源开关,待预热后将测试笔 CH1 接到测试面板上的转移脉冲 SH 输出端上,先仔细调节示波器的触发脉冲电平旋钮使示波器显示波形稳定,即表示示波器已被 SH 同步,再调节示波器的扫描频率"旋钮"或"按键",使 SH 脉冲的宽度适合观测,以能够观察到一个或二个周期为最佳,观察并记录转移脉冲 SH 的频率和周期。采用同样的方法测试复位信号 RS,将数据记录在表 35-2 中。复位信号 RS 和积分时间 SH 参考信号图形分别如图 35-4、图 35-5 所示。

表 35-2　实验数据信号参数记录表

测试端子	RS 信号	SH 信号
周期/μs		
频率/kHz		

(4)将示波器测试笔 CH1 和 CH2 分别接至测试面板上的 φ1、φ2 测试孔,调节示波器的电压刻度和扫描频率,以能同时看到两路测试信号,并且能够观察到一个或两个周期为佳,观察 φ1、φ2 信号之间的相位关系,φ1、φ2 参考信号图形如图 35-6 所示。

(5)将测试笔 CH1 探头接 CCD 输出测试孔,观察线阵 CCD 相机在光照和遮挡不同情况下的波形。图 35-7 所示的为 CCD 遮挡情况下的输出波形。

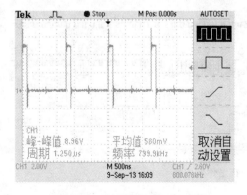

图 35-4　复位信号 RS

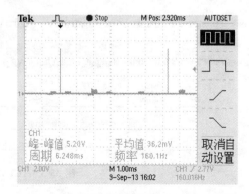

图 35-5　积分时间 SH

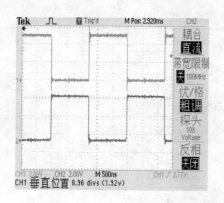 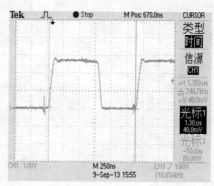

图 35-6　φ1、φ2 信号 CCD 饱和输出波形

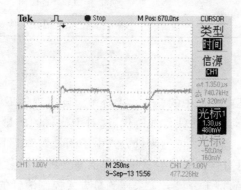

图 35-7　CCD 遮挡时输出波形

五、思考题

请解释转移脉冲 SH 在线阵 CCD 中的作用。

实验 36　线性 CCD 测量工件直径实验

一、实验目的

（1）线阵 CCD 的输出信号包含了 CCD 各个像元所接收光强度的分布和像元位置的信息，利用线阵 CCD 去获取被测对象的特征信息并得到外形尺寸。

（2）在掌握线阵 CCD 原理的基础上，了解线阵 CCD 相机在工业上的应用。

（3）了解几种非接触尺寸测量系统的原理，掌握非接触在线测量的方法，并能自己设计符合要求的方案。

二、实验仪器

半导体激光器一台；线阵 CCD 配套软件一套；两种不同尺寸的滚针，具体如表 36-1 所示。

表 36-1　　实验仪器清单

产品名称	规格	数量
90 mm 导轨	90 mm 宽,30 mm 高,600 mm 长	1
调节套筒	L76 mm	3
激光管夹持器	$\phi25\sim\phi50$ mm,V 形	1
光纤准直镜	通光 $\phi30$ mm,接口 FC/PC	1
光纤耦合半导体激光器	650 nm,2 mW,功率可调	1
软件狗	CCD 实验软件	1
USB 线	A 公口转 A 公口	1
线阵 CCD 组件	M52 接口,USB 输出	1
被测工件	10 mm、12 mm 圆柱工件	1

三、实验原理

产品质量检测一直是工业生产中的一个重要环节。随着现代工业的发展和自动化水平的提高,棒材加工也进入了自动化流水线作业时代,这对于棒材的质量检测也带来了新的考验,要求检测的精度高、速度快。常规的接触测量方式由于测量效率低下,已无法满足高速生产的效率要求,因此,研究对棒材直接的非接触式测量具有重要的实际意义。

目前,滚针生产线采用的是千分尺人工采样测量方式控制滚针的生产过程,这种方法检测速度慢、精度低,同时千分尺的接触式测量方式也会造成千分尺测头的磨损,需要折旧。为了解决人工采样测量方法的缺陷,本实验展示了一种非接触在线几何量测量的方法。

非接触式在线几何量测量的方法很多,常见的有 CCD 投影测径仪法、激光扫描测径法等。下面介绍这两种方法的实现方法。

1. 投影成像测量法

投影成像测量法主要适用于测量与 CCD 传感面尺寸相当的物体的尺寸。如图 36-1 所示,此方法利用一束平行光照射在被测物体上,最终投影在 CCD 的传感面上,被测物的尺寸可以通过计算 CCD 上产生的阴影宽度获得,只要数据采集系统计算出阴影部分像元个数,并与像元尺寸相乘就得到被测物体的尺寸。这里假设平行光是理想的。投影法的测量精度由平行光的准直性和 CCD 像元尺寸决定。但是,平行光准直度很难达到理想情况,因此还需要用算法对测量值进行修正,对尺寸进行标定来使得测量结果准确。

2. 激光扫描测径法

如图 36-2 所示,一束沿着被测物横截面方向匀速运动的光线,被光电接收管接收,输出高电平;当光束被被测物遮挡时,光电接收管就输出低电平;系统记录下没有接收到激光的时间,就可以获得被测物的直径。这里匀速运动的光线是由电机带动高速旋转的八棱镜实现的。

本实验主要根据投影测径法原理,搭建简易实验系统,采用线阵 CCD 获得滚针的投影直径,通过 USB 传输到计算机,利用上位机软件计算获得物体的直径。

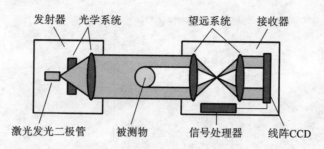

图 36-1　投影成像测量法结构图

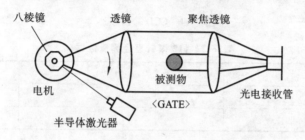

图 36-2　激光扫描测径仪原理图

四、实验步骤

（1）根据投影成像测量法原理搭建图 36-3 所示的光路结构，将标准块放置于图中滚针位置。

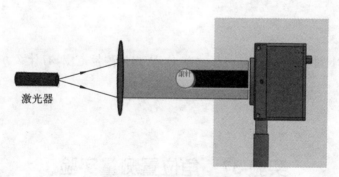

图 36-3　投影成像测量法光路

（2）打开线阵 CCD 相机测试，在物体输入文本框"物体宽度"中输入标准块宽度，单击"采集"按钮，在图形显示区利用红色和蓝色辅助线采集标准块像素宽度，单击"标定"按钮可获得系统实际物理尺寸和像素之间的映射关系。

（3）将标准块换成被测物体，调节半导体激光器输出功率，使线阵 CCD 相机工作在未饱和状态，将辅助线置于物体边缘变化斜率最大的位置，利用辅助线获得被测物体宽度，单击"计算物体宽度"按钮，利用上述标定的实际尺寸和像素之间的映射关系就可以得到物体的物理尺寸，参考图形如图 36-4 所示。

（4）多次测量不同物体，获得多组数据，填入表 36-2 和表 36-3 中，并计算绝对误差，分析误差来源。

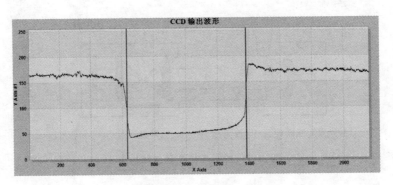

图 36-4　CCD 输出波形

表 36-2　φ12 滚针直径测量数据

测量次数	1	2	3	4	5	6	7
测量值							
误差							

表 36-3　φ10 滚针直径测量数据

测量次数	1	2	3	4	5	6	7
测量值							
误差							

五、思考题

如果被测物体尺寸宽度太大,超过了线阵 CCD 相机测量范围,有什么方法可以改善实验中的光路呢?

实验 37　角位置测量实验

角位置测量在工业、医疗、国防等领域有着广泛的应用,比较线阵 CCD 非接触式角位置的测量相比其他角位置测量的不同。

一、实验目的

(1)学习利用线阵 CCD 测量被测物体角度的基本原理。

(2)掌握利用 CCD 进行角度测量的方法。

二、实验仪器

CCD 实验箱一套;CCD 配套软件一套;铝反射镜一面;狭缝一个。

三、实验原理

角位置测量的方法有多种，通常采用专用的角位置传感器，如旋转变压器、圆感应同步器、圆光栅等，在一些特定的条件下，如没有转动机构的情况下，需要进行角位置测量时，可以采用 CCD 传感器进行位置测量，通过光学换算可以将 CCD 的像素尺寸转换到反射镜的旋转角位置上。这种光电测量法是一种高精度、高可靠性、低成本的非接触式测量方法，可以实现小角度的静态和动态测量。

测角系统的工作原理如图 37-1 所示，反射镜的转动量转换为激光光束角度的变化，反射光束照射到线阵 CCD 探测器上，CCD 首先完成光电转换，即产生与入射的光辐射量成线性关系的光电荷。然后在 CCD 驱动脉冲的控制下，将电荷移位至输出电路，经输出电路将电荷量转化为电压量输出。这样在 CCD 芯片的输出端就产生了与光电荷量成正比的弱电压信号，经过滤波、放大处理，通过驱动电路输出一个能表示敏感物体光强弱的电信号或标准的视频信号。将一维光学信息转变为电信息输出，后端的放大和 A/D 转换电路将信息转换为数字量，将数字量利用 USB 接口传输至计算机，通过上位机软件计算出转动的角度量。当反射镜绕图中 O 点转动，只要检测出光斑在 CCD 上移动距离即可得到旋转轴的旋转角度，由此，线阵 CCD 就可以实现角位置测量功能。

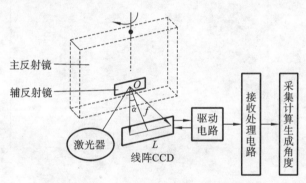

图 37-1　系统工作原理示意图

四、实验步骤

（1）按图 37-2 搭建测量系统，半导体激光器、反射镜安装在导轨上，线阵 CCD 相机安装在磁座上，相互呈一定角度。

（2）打开线阵 CCD 相机测试软件，打开半导体激光器电源，激光通过手动调节支杆上的反射镜照射到线阵 CCD 光敏面，调节半导体激光器输出功率，使线阵 CCD 相机工作在未饱和状态，利用图形显示区的辅助线得到激光在线阵 CCD 上的位置 1 并记录，如图 37-3 所示。

（3）手动调节反射镜角度，注意防止角度过大导致反射光线超过线阵 CCD 光敏面长度，在上位机测量激光光斑在 CCD 上的位置 2 并记录，如图 37-4 所示。

（4）得到光斑移动像素距离 ✕ 1364.730320 ，乘以像素大小 14 μm，得到光斑移动的实际距离。光斑移动实际距离除以线阵 CCD 相机到铝反射镜的距离，就得到反射镜转过的弧度，通过式（37-1）：

$$\theta = \frac{弧度}{\pi} \times 180°$$

(37-1)

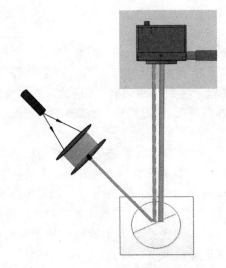

图 37-2　实验光路图

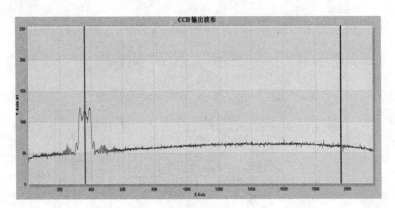

图 37-3　位置 1

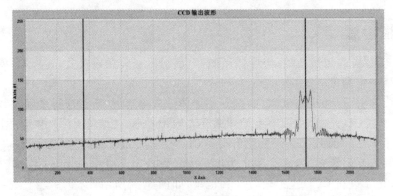

图 37-4　位置 2

计算得到转动角度。

　　(5)测量得到多组实验数据,并填入表 37-1 中,分析误差来源。

表 37-1 测量数据

编号	位置 1	位置 2	计算角度
1			
2			
3			

注:线阵 CCD 相机到导轨中心为 170 mm,在导轨上的投影刻度为 30 mm,测量反射镜的位置,通过勾股定理计算线阵 CCD 相机到反射镜的距离。

五、思考题

相机与反射镜距离的变化会产生什么样的影响?

实验 38 面阵 CCD 驱动实验及特性测量

面阵 CCD 又称全幅式 CCD、阵列型 CCD。相比线阵 CCD,它的优点是可以获取二维图像信息,测量图像直观,是工业相机、数码相机、摄像机等系统的核心器件,广泛应用于面积、形状、尺寸、位置及温度等的测量。面阵 CCD 有行间转移(IT)型、帧间转移(FT)型和行帧间转移(FIT)型三种。本实验采用隔行转移型面阵 CCD。

一、实验目的

(1)掌握隔行转移型面阵 CCD 的基本工作原理和特征。
(2)掌握面阵 CCD 的各路驱动脉冲波形及其测量方法。

二、实验仪器

彩色面阵 CCD 相机一套;LED 白光光源一台;面阵 CCD 相机及配套软件。

三、实验原理

16 pin DIP(Plastic)

本实验采用 SONY 公司的 ICX409AK 面阵 CCD 芯片。ICX409AK 是一款隔行转移型面阵 CCD 芯片,可用于 PAL 制式彩色电视机摄像系统。它的总像素单元数为 795(H)×596(V),有效像元数为 752(H)×582(V),像元尺寸为 6.50 μm(H)×6.25 μm(V),像敏区的总面积为 5.59 mm(H)×4.68 mm(V),封装在 14 脚的 DIP 标准管座上,其外形尺寸如图 38-1 所示。

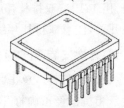

图 38-1 ICX409AK 外形图

ICX409AK 的原理结构如图 38-2 所示,它由光电二极管阵列、垂直 CCD 移位寄存器及水平 CCD 模拟移位寄存器三部分构成。

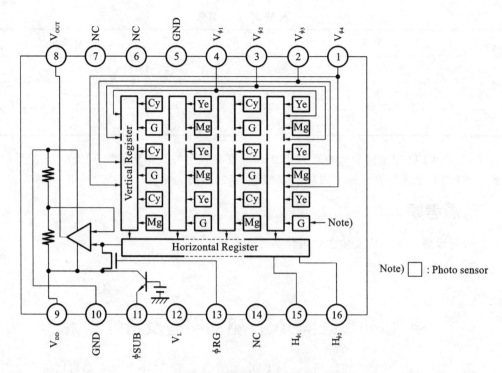

图 38-2　ICX409AK 原理结构图

图 38-3、图 38-4 为 ICX409AK 的垂直同步脉冲和水平同步脉冲时序图,从图中可以看出,在场消隐期间,V1～V4 及 H1、H2 上所加的脉冲均属于均衡脉冲;V1、V2 为正脉冲,使光积分电极完成光积分;V1 和 V3 的正脉冲完成信号由光积分区向垂直移位寄存器转移。转移完成后经过两个行周期的转移进入有效像元信号的输出。在行消隐期间,V1 中的信号在 V1 下降沿倒入 V2,V2 的下降沿倒入 V3,V3 的下降沿倒入 V4,V4 的下降沿倒入 H1。在行正程期间,V1～V4 保持不变,倒入到水平移位寄存器中的信号在水平脉冲的作用下,一个个从 CCD OUT 端输出。

四、实验步骤与内容

(1)实验准备。连接面阵 CCD 至计算机 USB2.0 接口,并确认计算机与示波器电源连接无误,用 12PIN 双排杜邦线连接面阵 CCD 相机和测试面板上的面阵相机接口,并打开示波器电源开关,注意双排杜邦线的方向要一致(黑色标记对应缺口方向)。

(2)首次安装面阵 CDD 软件先单击"安装.bat"文件。打开面阵 CCD 软件 ,单击"初始化"按钮,间隔两秒,单击"设备搜索"按钮,然后单击"开始捕捉"按钮,当软件显示采集画面时,即表示相机已经正确打开。

(3)将示波器的 CH1 和 CH2 扫描线调整至适当位置,设置 CH1 为同步输入,按照图 38-3、图 38-4 所示的波形图进行下面的实验测量:用 CH1 探头测量内部控制脉冲 SUBCK,仔细调节使之同步稳定;然后用 CH2 探头分别观测 V1、V2、V3、V4 脉冲。画出这些脉冲的波形图并与图 38-3 所示的波形相比较,分析它们的相位关系,自拟表格分析(可参考表 38-1)。

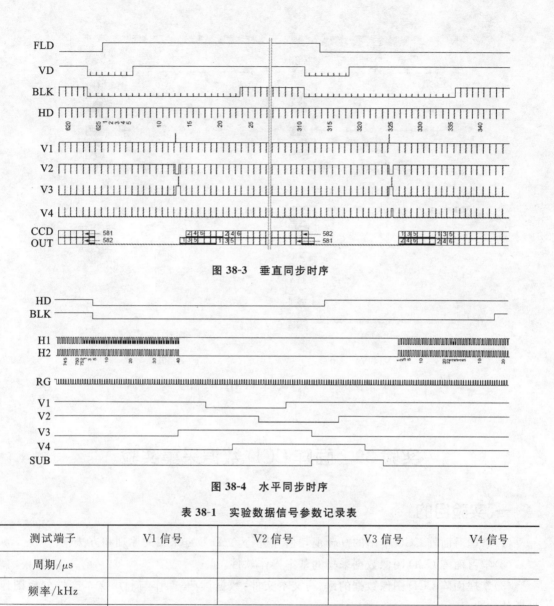

图 38-3　垂直同步时序

图 38-4　水平同步时序

表 38-1　实验数据信号参数记录表

测试端子	V1 信号	V2 信号	V3 信号	V4 信号
周期/μs				
频率/kHz				
相位关系				

（4）用 CH1 探头测量 V1 脉冲，用 CH2 探头分别测量 V2、V3、V4 脉冲，记录这四个脉冲的波形图。通过实测波形图测出它们的频率、周期，以及它们之间的相位关系；说明 V1、V2、V3、V4 脉冲在信号电荷垂直转移过程中的作用。通过上述测试达到理解电荷包信号的垂直转移过程与垂直转移原理；用 CH1、CH2 探头分别测量 H1、H2 脉冲。比较二者的相位关系，分析信号电荷包沿水平方向转移的过程与原理。画出这些脉冲的波形图并与图 38-5 所示的波形相比较。

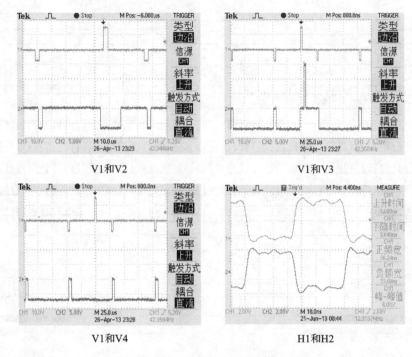

V1和V2　　　　　　　　　　V1和V3

V1和V4　　　　　　　　　　H1和H2

图 38-5　V1、V2、V3、V4、H1、H2 信号

实验 39　面阵 CCD 数据采集实验

一、实验目的

(1)掌握对面阵 CCD 输出的复合视频信号进行 A/D 数据采集的原理和方法。

(2)学习面阵 CCD 图像数据采集的基本操作软件。

(3)掌握面阵 CCD 图像数据的读/写文本文件,数据读/写操作与利用文本文件分析图像性质的方法。

(4)学会从大量的图像数据中找出对应图像边沿和图像特征的方法,为应用面阵 CCD 进行图像测量打好基础。

二、实验仪器

彩色面阵 CCD 一套;面阵 CCD 配套软件,具体如表 39-1 所示。

表 39-1　实验仪器清单

产品名称	规格	数量
LED 可调电源	外形 85 mm×100 mm,220 V 输入,9 V 输出	1
90 mm 导轨	90 mm 宽,30 mm 高,600 mm 长	1

续表

产品名称	规格	数量
镜圈	外径 φ45 mm,装 φ40 mm 镜片	1
磁性表座	外形 61 mm×51 mm×55 mm,吸力 45 kg	1
高亮度 LED 照明光源	白色	1
白屏(带刻度)	外形 210 mm×150 mm×2 mm,单面带一维刻度	1
面阵 CCD 组件	C 接口,USB 输出	1
变焦镜头	1/2″,f4~12 mm,F1.6	1
被测工件		1
颜色检测卡纸		1

三、实验原理

本系统用到的数据采集板主要功能包括信号调理、AD 转换和 USB 数据传输。信号调理主要是放大 CCD 信号,使之满足 AD 转换器(ADC)的输入要求,电路结构简单,因此,这里简单介绍 ADC 的基本原理和 USB 数据传输。

ADC 模拟/数字转换过程如图 39-1 所示,主要有两个步骤:首先对欲转换的数据进行取样和保存,然后再将获取的数据加以量化,如此就完成了数据的转换。其中取样的目的在于将原始模拟数据一一撷取,因此取样率越高信号越不容易失真,即分辨率越高;量化的目的则是将由取样所获得的数据以 0 与 1 的组合予以编码,同样的量化位数越高则分辨率越高。

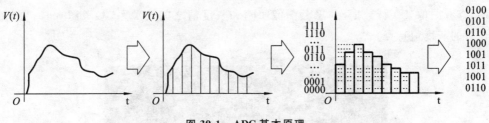

图 39-1　ADC 基本原理

采集数据之后,用 USB 进行数据传输。USB 接口具有数据传输速度快、兼容性强、即插即用等优点,已经广泛应用于数据传输、图像采集领域。相比于过去的老式接口,其数据传输速率非常快,最高可达 480 Mb/s,可以满足教学实验的要求。USB 的结构包含四种基本的数据传输类型:控制数据传送、批量数据传送、中断数据传送、同步数据传送,不同的传输方式适合不同类型的数据,在应用中要根据实际情况选择合适的传输方式。

四、实验步骤与内容

(1)通过 USB 连接线将面阵 CCD 相机和计算机连接起来,打开面阵 CCD 上位机软件 。

(2)面阵 CCD 相机、被测量的工件安装在导轨上,白光源安装在磁座上,调节白光源与工件之间的距离和照射角度,使相机不曝光,如图 39-2 所示。

(3)单击"初始化"按钮,间隔两秒,单击"设备搜索"按钮,单击"开始捕获"按钮采集图像,待图像稳定清晰后单击"停止捕获"按钮,采集到一帧图像,如图 39-2 所示。

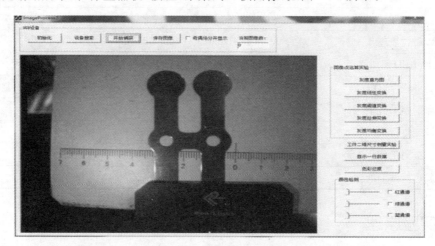

图 39-2 工件安装示意图

图 39-2 中,可以看到采集到的图像左侧有一列 16 个像素的黑电平,这是因为本相机采用的是流水线 ADC,它需要 16 个周期的流水线建立时间。流水线 ADC 的优点是有良好的线性和低失调;可以同时对多个采样进行处理,有较高的信号处理速度;低功率;高精度;高分辨率。缺点是基准电路和偏置结构过于复杂;输入信号需要经过特殊处理,以免穿过数级电路造成流水延迟;对锁存定时的要求严格;对电路工艺要求很高,电路板上设计得不合理会影响增益的线性、失调及其他参数。

(4)查看图像某一行数据,并思考图像明暗和灰度值之间的关系,参考图 39-3,分析图像边沿位置的灰度值特点。

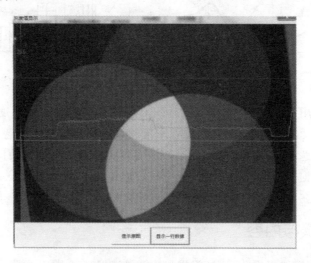

图 39-3 图像明暗和灰度值之间的关系图

(5)单击"保存"按钮,将采集到的图像保存在磁盘上并在当前文件夹搜索 image. bmp 文件,看看是否为刚刚保存的图像。

五、思考题

如果图像为全黑或全白,则对应的灰度值应该是多少?

实验 40　工件二维尺寸测量实验

工业生产中经常需要对半成品或成品进行几何尺寸的测量,一般要求具有一定的测量准确度和较快的测量速度。非接触式测量消除了在接触式测量中可能产生的工件表面损伤,是较好的测量方法。基于面阵 CCD 的机器视觉测量是人工智能与测量技术交叉而形成的智能测量,具有测量速度快、系统成本低、安装方便等特点。本实验采用实际工件进行测量,具有较高的实际意义。

一、实验目的

(1)通过对机械工件的测量过程掌握应用面阵 CCD 进行尺寸测量的基本方法。
(2)通过对非标准工件进行尺寸测量,进一步掌握测量范围、测量精度和测量时间等。

二、实验仪器

彩色面阵 CCD 一套;面阵 CCD 配套软件;测量工件样品一套。

三、实验步骤与内容

(1)将被测工件和标定尺放置于夹持器上,将面阵 CCD 相机接入计算机,调整相机镜头焦距,按照前面实验的方法,采集一副清晰的图像,如图 40-1 所示。

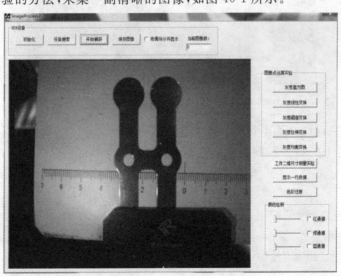

图 40-1　工件采集图像

（2）利用实验自带软件，单击"工件二维尺寸测量"按钮，在弹出的对话框中先将采集到的图像显示出来，如图40-2所示。

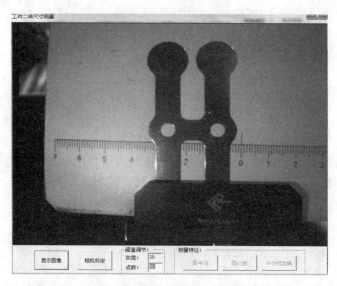

图 40-2　利用软件显示工件图

（3）单击"相机标定"按钮，对本系统进行标定，使像素和物体尺寸建立映射关系，选择点时需十分小心，标定结果的好坏直接导致测量数据准确与否，如图40-3所示。

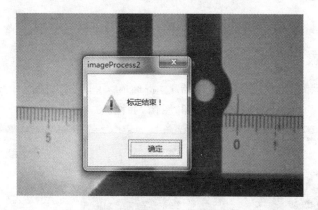

图 40-3　利用软件对工件标定图

（4）标定完成后，单击"圆半径"按钮，在图像上用鼠标左键点选被测工件上的特征圆圆心并拖至所测圆边，然后单击鼠标右键确定位置，得到被测圆的半径，如图40-4所示。

（5）单击"检测圆间距"按钮，测量工件上两个圆圆心间距，如图40-5所示。

（6）单击"平行线距离"按钮，检测工件上两平行线的距离，如图40-6所示。

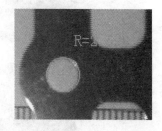

图 40-4　利用软件对工件测量圆半径

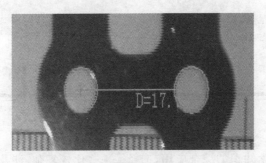

图 40-5　利用软件对工件测量圆心间距

图 40-6　利用软件测量平行线距离

（7）对上述特征进行多次测量，填入表 40-1 中，并与游标卡尺的测量结果对比，分析误差原因。

表 40-1　测量数据

编号	1	2	3	4	5	6
测量值						
误差						

四、思考题

如果被测物体较厚，还能用上述光路测量吗？

第七部分 研究型实验与综合性实验

本部分是对学生所学知识的综合应用,选择了一些比较复杂、涉及知识面比较广的实验来锻炼学生的动脑动手能力。根据所选实验自身的特点,有的设计成研究型实验,让学生灵活运用所学的知识,自主探索、发现和体验;有的设计成综合性实验,学生为了完成实验,需要查阅相关资料,并对所学各科知识进行整合。通过这些实验的开展,学生分析问题、解决问题的能力将得到有效训练,学习热情和潜力也会被充分激发。本部分所选实验也可作为演示实验。

实验 41 激光散斑测量

散斑现象普遍存在于光学成像的过程中,很早以前牛顿就解释过恒星闪烁而行星不闪烁的现象。由于激光的高度相干性,激光散斑的现象就更加明显。最初人们主要研究如何减弱散斑的影响。在研究的过程中发现散斑携带了光束和光束所通过的物体的许多信息,于是产生了许多应用。例如,用散斑的对比度测量反射表面的粗糙度,利用散斑的动态情况测量运动物体的位移及速度等。激光散斑可以用曝光的方法进行测量,但最新的测量方法是利用 CCD 和计算机技术,因为此方法避免了显影和定影的过程,可以实现实时测量的目的,在科研和生产过程中得到日益广泛的应用。

一、实验目的

(1)了解激光散斑测量位移的原理。
(2)了解激光散斑测量位移的数据处理方法。
(3)利用激光散斑微位移测量仪测量散射体的微小位移。

二、实验仪器

光学导轨;精密平移台;He-Ne 激光器;偏振片(或光衰减器);毛玻璃;CCD 相机;计算机。

三、实验原理

1. 激光散斑的基本概念

激光自散射体的表面漫反射或通过一个透明散射体(如毛玻璃)时,在散射表面或附近的光场中可以观察到一种无规分布的亮暗斑点,称为激光散斑(laser speckles)或斑纹。激光散斑是由无规散射体被相干光照射产生的,因此是一种随机过程。要研究它必须使用概率统计的方法。通过统计方法的研究,可以加强对散斑的强度分布、对比度和散斑运动规律等特点的认识。

　　图 41-1 所示的是激光散斑具体的产生过程。当激光照射在粗糙表面上时,表面上的每一点都要散射光。因此在空间各点都要接收到来自物体上各个点散射的光,这些光虽然是相干的,但它们的振幅和相位都不相同,而且是无规分布的。来自粗糙表面上各个小面积元射来的基元光波的复振幅互相叠加,形成一定的统计分布。由于毛玻璃足够粗糙,所以激光散斑的亮暗对比强烈,而散斑的大小要根据光路情况来决定。散斑场按光路分为两种:一种散斑场是在自由空间中传播而形成的,也称客观散斑;另一种是由透镜成像形成的,也称主观散斑。在本实验中,我们只研究前一种情况。当单色激光穿过具有粗糙表面的玻璃板时,在某一距离处的观察平面上可以看到大大小小的亮斑分布在几乎全暗的背景上。当沿光路方向移动观察面时,这些亮斑大小会发生变化。如果设法改变激光照在玻璃斑上的面积,散斑的大小也会发生变化。当沿垂直于光轴方向移动毛玻璃时,散斑会发生位移。

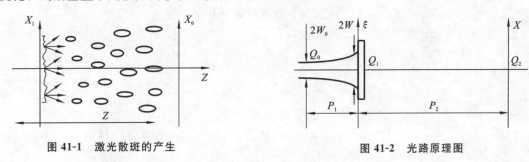

图 41-1　激光散斑的产生　　　　　　　图 41-2　光路原理图

2. 激光散斑光强分布的相关函数的概念

　　如图 41-2 所示,激光基模高斯光束投射在毛玻璃上 (ξ, η),在一定距离处放置的观察屏 (x, y) 上形成的散斑的光强分布为 $I(x, y)$。假设观察面任意一点 Q_1 上的散斑光强分布为 $I(x_1, y_1)$,当散射体发生一个变化后(如散射体发生一个微小的平移 $d_0 = \sqrt{d_\xi^2 + d_\eta^2}$),观察面任意一点 Q_2 上的散斑光强分布为 $I'(x_2, y_2)$。散斑光强分别如图 41-3(a)、(b)所示。

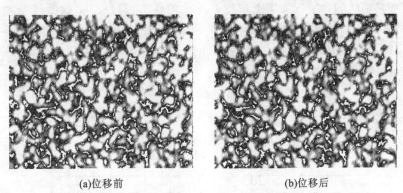

(a)位移前　　　　　　　　　　　　(b)位移后

图 41-3　散斑光强图

　　定义光强分布的互相关函数为

$$G_C(x_1, y_1; x_2, y_2) = \langle I(x_1, y_1) I'(x_2, y_2) \rangle \tag{41-1}$$

式中:

$$I(x,y)=U(x,y)U^*(x,y) \tag{41-2}$$

$$I'(x,y)=U'(x,y)U'^*(x,y) \tag{41-3}$$

式中:$U(x,y)$和$U'(x,y)$分别表示两个散斑光场的复振幅。根据散斑统计学的理论,可以得到如下公式:

$$G_{\mathrm{C}}(x_1,y_1;x_2,y_2)=\langle I'(x_1,y_1)\rangle\langle I(x_2,y_2)\rangle+|\langle U'(x_1,y_1)U^*(x_2,y_2)\rangle|^2$$

$$=\langle I\rangle^2\big[\,1+\mu_{\mathrm{C}}(x_1,y_1;x_2,y_2)\,\big] \tag{41-4}$$

式中:$\mu_{\mathrm{C}}(x_1,y_1;x_2,y_2)=|\langle U'(x_1,y_1)U^*(x_2,y_2)\rangle|^2/\langle I\rangle^2$ 称为复互相干系数。根据衍射理论可推出其复相干系数为

$$\mu_{\mathrm{C}}(x_1,y_1;x_2,y_2)=\exp\left\{-\left[\frac{\Delta x+d_\xi(1+P_2/\rho(P_1))}{S}\right]^2\right\}\exp\left\{-\left[\frac{\Delta y+d_\eta(1+P_2/\rho(P_1))}{S}\right]^2\right\}$$

$$\tag{41-5}$$

式中:$\Delta x=x_2-x_1$,$\Delta y=y_2-y_1$。所以,两个散斑场的互相关函数为

$$G_{\mathrm{C}}(\Delta x,\Delta y)=$$

$$<I>^2\left\{1+\exp\left\{-\left[\frac{\Delta x+d_\xi(1+P_2/\rho(P_1))}{S}\right]^2\right\}\exp\left\{-\left[\frac{\Delta y+d_\eta(1+P_2/\rho(P_1))}{S^2}\right]^2\right\}\right\}$$

$$\tag{41-6}$$

进行归一化处理,可以得到归一化的互相关函数为

$$g_{\mathrm{C}}(\Delta x,\Delta y)=1+\exp\left\{-\left[\frac{\Delta x+d_\xi(1+P_2/\rho(P_1))}{S}\right]^2\right\}\exp\left\{-\left[\frac{\Delta y+d_\eta(1+P_2/\rho(P_1))}{S^2}\right]^2\right\}$$

$$\tag{41-7}$$

由式(41-7)可知,两个散斑场的互相关函数取峰值的时候,满足

$$\Delta x=-d_\xi(1+P_2/\rho(P_1)),\Delta y=-d_\eta(1+P_2/\rho(P_1)) \tag{41-8}$$

此公式即为测量依据。

对毛玻璃移动前后的两幅散斑图像取对应的数字灰度场,在移动前的数字灰度场上取一个模板窗口,在移动后的数字灰度场上取所有可能的样本窗口(与模板窗口等大),如图 41-4 所示。遍历所有样本窗口与模板窗口的互相关系数,当相关系数最大时,对应的样本窗口即由模板窗口移位得到。求出此时的位移值,对应于散斑在 CCD 靶面上的位移$\triangle x$、$\triangle y$。然后根据式(41-6),继而得到散射体的位移 d_ξ、d_η。

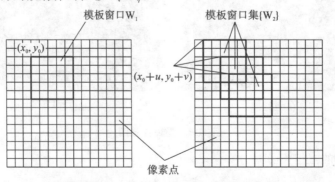

图 41-4　模板窗口和样本窗口示意图

四、实验内容

本实验所用的装置放在光学平台上，如图 41-5 所示。He-Ne 激光器（本实验中用平凹腔激光器，$\lambda = 632.8$ nm）的光束穿过双偏振器（用来调节光强）到达毛玻璃（用来产生散斑）。接收器件采用 CCD 器件（自带图像采集、处理软件），由 CCD 器件采集的散斑图像显示在计算机屏幕上，此数字图像可以用其自带软件读取。

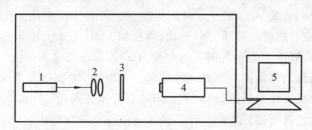

图 41-5 实验装置

1—He-Ne 激光器；2—双偏振片；3—毛玻璃；4—CCD；5—计算机

1. 光路调节和现象观察

实验时先打开激光源，去掉偏振片，将反射镜套到 CCD 探测器端面，调节 CCD 探测器的方向，使从反射镜上反射出的激光光束和入射激光光束重合。此时，CCD 探测面和光轴垂直。然后，去掉反射镜，装上两块偏振片。激光光束通过双偏振器到达毛玻璃，在毛玻璃和 CCD 之间形成空间散斑场。打开 CCD 自带软件，用 CCD 探测散斑图像，在计算机显示屏上观察散斑图像。转动其中一个偏振片，使得散斑图像最清晰，对比度最好。固定毛玻璃，调节 CCD 探测器底座，使 CCD 在垂直于光轴的平面上水平移动或竖直移动，观察显示器上散斑图像的位移变化。固定 CCD 探测器，调节毛玻璃底座，使毛玻璃在垂直于光轴的平面上水平移动或竖直移动，观察显示器上散斑图像的移动。

2. CCD 二维位移测量

打开测量软件。转动 CCD 探测器底座上的调节轴，使 CCD 沿 x 方向移动和 y 方向移动起来（为避免调节架齿轮未咬合造成的测量误差），可观测到屏幕上散斑在做二维移动。此时用 CCD 采集一副散斑图片，并存储在计算机上，记录此时 CCD 底座上的 x 方向上的刻度值 x_1，y 方向上的刻度值 y_1。为避免回差，必须沿同一方向转动毛玻璃底座上的 x 方向和 y 方向调节轴，再次用 CCD 采集一副散斑图片并存储在计算机上，记录此时 CCD 底座上的 x 方向上的刻度值 x_2，y 方向上的刻度值 y_2。

从测量软件界面调入移动前后的两幅散斑图，调节搜索窗口和模板窗口（当位移量较大时，应调大搜索窗口和模板窗口），利用测量软件计算散斑移动的像素，从而得到 CCD 位移值。再次调节样本窗口和采集窗口，计算 CCD 位移值。当前后算得的两次位移值基本一致时，可以认为采集窗口和样本窗口选取范围合适。将两次计算的平均值作为测量结果。

改变 CCD 到毛玻璃的距离，再测两组数据，把所测数据记录在表 41-1 中。

如果测量误差较大，则 CCD 平面未与光轴垂直，应调节 CCD 平面，当实验误差小于 2% 时，再进行下一步毛玻璃二维位移测量。

3. 毛玻璃二维位移测量

测量激光器腰斑到毛玻璃的距离,即激光腔平面反射镜(前镜)到毛玻璃的距离 P_1,测量毛玻璃到 CCD 靶面的距离 P_2,计算激光器的共焦参数 f,将上述三个参数输入到软件界面对应的输入框。

转动毛玻璃底座上的调节轴,使毛玻璃同时沿 x 方向和 y 方向移动起来,可观测到屏幕上散斑在做二维移动。此时用 CCD 采集一幅散斑图片,并存储在计算机上,记录此时毛玻璃底座上的 x 方向上的刻度值 x_1 以及 y 方向刻度值 y_1。为避免回差,沿同一方向转动毛玻璃底座上的调节轴,使散斑沿之前的移动方向运动,再次用 CCD 采集一幅散斑图片并存储在计算机上,记录此时毛玻璃底座上的 x 方向上的刻度值 x_2 以及 y 方向刻度值 y_2。

从测量软件界面调入移动前后的两幅散斑图片,调节样本窗口和采集窗口,计算位移值。再次调节样本窗口和采集窗口,计算位移值。当前后算得的两次位移值基本一致时,可以认为采集窗口和样本窗口选择合适。将两次计算的平均值作为测量结果。

改变 P_1、P_2,重复三次测量,把所测数据记录在表 41-2 中。

转动毛玻璃底座上的调节轴,使毛玻璃沿 y 方向移动,重复以上实验。

根据调节架上显示的位移值和测得的位移值计算误差。

五、数据记录与处理

1. CCD 位移测量实验数据表

表 41-1　CCD 位移测量数据

CCD 实际位移值: $d_x=$ ⬚ $d_y=$ ⬚ $d=$ ⬚

序号	P_2	Δx	Δy	d	误差/(%)
1					
2					
3					

2. 毛玻璃二维测量实验数据表

表 41-2　毛玻璃二维测量数据

光路参数: $f=$ ⬚ 毛玻璃实际位移值 $d_\xi=$ ⬚ $d_\eta=$ ⬚ $d=$ ⬚

序号	P_1	P_2	Δx	Δy	d	误差/(%)
1						
2						
3						

六、注意事项

(1)注意保护 CCD,切不可将激光光束直接照射在 CCD 上,调光路时要盖好盖子。

(2)测量前利用双偏振片调节散斑的光强和对比度,直到计算机显示器上散斑的强度合适且图像最清晰为止。

（3）拍摄两幅激光散斑图像前要先转动毛玻璃底座上的调节轴，确保转动时毛玻璃发生移动，可以通过观察散斑图像是否发生位移来确定。

（4）注意不可目视激光光束。

（5）由于 CCD 像素值有百万之多，在整个散斑图像上取标准窗口和样本窗口，遍历互相关系数计算量过大，计算时间太长，所以测量软件只截取了一个搜索窗口，在该窗口内再取标准模板窗口和样本窗口来计算相关系数。当位移量较大时，若采集窗口选取过小，则样本窗口可能移出采集窗口，找不到位移后对应标准模板窗口的样本窗口，发生测量错误；若样本窗口选取过小，则可能误匹配，同样也会发生测量错误。故测量是否正确与搜索窗口、样本窗口大小有关，测量时要兼顾正确性和计算时间。

附1 激光高斯光束的传播特点

本实验中用内腔式 He-Ne 激光器，激光腔为平凹腔，其波长为 632.8 nm。当其基模运转时，其出射的激光光束如果正入射在一块白色屏幕上所形成的光强分布是高斯分布（见图 41-6），这种光束称为高斯光束。由于高斯分布的特点是光强为 0 的位置距光斑中心为无穷远，所以定义光强降低到中心光强 $e^{-2} = 0.135$ 倍时的半径称为高斯光束的光斑半径 W（半宽度）。高斯光束在空气中传播时，其光场的等振幅线在沿光路方向为双曲线，如图 41-7 所示。因此，高斯光束在传播空间用一个位置光斑最细（称为光斑的束腰）W_0，这一位置称为高斯光束的束腰位置。高斯光束在距离束腰 Z 处的波面曲率半径用 $\rho(z)$ 表示，高斯光束在空气中的传播公式为

$$\rho(z) = z(1 + f^2/z^2) \tag{41-9}$$

式中：f 为激光腔的共焦参数。

激光器模式理论为

$$f = \sqrt{\frac{L(R_1 - L)(R_2 - L)(R_1 + R_2 - L)}{[(L - R_1) + (L - R_2)]^2}} \tag{41-10}$$

式中：R_1、R_2、L 分别是两个腔镜的曲率半径及腔长。当 R_1 是平面镜时，有

$$f = \sqrt{L(R_2 - L)} \tag{41-11}$$

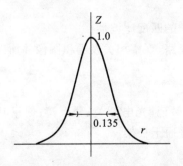

图 41-6 高斯光斑的光强沿半径的分布

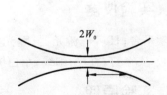

图 41-7 高斯光束的轮廓

附 2　仪器部件参数

1. He-Ne 激光器

波长 632.8 nm；

平凹腔：后腔镜 $R=1$ m，前腔镜 $R=\infty$；

腰斑位置：处于前腔镜上。

2. 面阵 CCD 探测器

CCD 尺寸：5.59 mm×4.68 mm；

有效像素：752×582，44 万像素；

总像素：795×596，47 万像素；

像素大小：6.50 μm×6.25 μm。

3. 三维平移台

X 方向：调节精度 1 μm；

Y 方向：调节精度 1 μm；

Z 方向：调节精度 1 μm。

实验 42　特 征 识 别

匹配滤波与光学图像识别是相干光学处理中一种典型的信息处理方法。它可以从某一图像中提取有用的信息或检测某一信息是否存在，因此，这种信息处理方法又称为特征识别。特征识别在指纹鉴别、空间飞行物探测、字符识别以及从病理照片中识别癌变细胞等领域有着广泛应用，是相干光学处理的一个重要课题。特征识别的方法有很多种，本实验介绍最基本的一种，即傅里叶变换方法，其关键技术是制作空间匹配滤波器。

一、实验目的

(1)了解匹配滤波器的概念、结构特点及作用原理。

(2)掌握匹配滤波器的制作方法，并制作出给定图像的匹配滤波器。

(3)了解光学图像识别的原理，练习调整图像识别光路，观察相关及卷积图像并加以解释。

二、实验仪器

光学平台；He-Ne 激光器；曝光定时器；薄透镜；反射镜；光电开关；分束镜；傅里叶透镜；全息干板；安全灯；直尺；细线；小白屏；待存储的图文；普通干板架。

三、实验原理

1. 匹配滤波器的概念及作用原理

匹配滤波器在图像识别中有着重要的作用。其定义如下：如果一个滤波器的复振幅透射

系数 $T(\xi,\eta)$ 与输入信号 $g(x_0,y_0)$ 的频谱 $G(\xi,\eta)$ 共轭,则这种滤波器称为信号 $g(x_0,y_0)$ 的匹配滤波器。显然有

$$T(\xi,\eta) = G^*(\xi,\eta) \tag{42-1}$$

从匹配滤波器的这种结构特点,可以推断出这种滤波器对信号 $g(x_0,y_0)$ 的空间频谱有着特殊的作用。这种作用可以用图 42-1 来加以说明。这是一个相干光学处理系统,L_1 和 L_2 是一对傅里叶变换透镜,其焦距为 f。L_1 的后焦面与 L_2 的前焦面重合,从而构成 4f 系统。透射系数为 $g(x_0,y_0)$ 的透明片放置在 L_1 的前焦面 P_1 上,并用平行光束照明。透镜 L_1 对 $g(x_0,y_0)$ 进行傅里叶变换,在 L_1 后焦面 P_2 上得到其频谱 $G(\xi,\eta)$。如果在 P_2 平面上插入一个匹配滤波器,其复振幅透射系数为 $G^*(\xi,\eta)$,则透过 P_2 平面的光场分布正比于 GG^*。GG^* 是一个实数,也就是波的相位为常数。换言之,透过 P_2 平面的光场分布是一列平面光波。因为这列平面光波的等相面上各点的振幅大小不是常数,而是按 GG^* 分布的,所以它不是一列标准平面波,而是一列准平面波。这列平面光波通过透镜 L_2 之后,在输出平面 P_3(即 L_2 的后焦面)上将形成一个自相关亮点(相关峰)。

由此可见,匹配滤波器的作用是对信号 $g(x_0,y_0)$ 的频谱 $G(\xi,\eta)$ 进行相位补偿。平面光波经过输入平面 P_1 后产生波面变形,经匹配滤波器后得到相位补偿,从而又成为平面光波。显然,这种作用是由于 $G^*(\xi,\eta)$ 与 $G(\xi,\eta)$ 是共轭复数,它们的相位正好相反,从而使 GG^* 的相位为常数。如果在输入平面 P_1 上输入的不是 $g(x_0,y_0)$,则它的频谱的相位不能被 $G^*(\xi,\eta)$ 补偿,在平面 P_2 后就得不到平面光波,因而在输出平面 P_3 上就得不到自相关亮点,而只能得到一个弥散的像斑。由此可以推断:通过观察在输出平面 P_3 上是否存在自相关亮点,就可以判断输入目标中是否存在信号 $g(x_0,y_0)$。

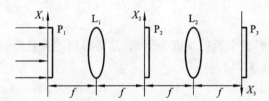

图 42-1 匹配滤波器作用原理

L_1、L_2—傅里叶变换透镜;P_1—输入平面;P_2—频谱面;P_3—输出平面

2. 匹配滤波器的制备

制作匹配滤波器实际上就是拍摄一张傅里叶变换全息图。所用的光路如图 42-2 所示。由激光器输出的光束到分束镜 BS,BS 将光分成两束,透射光束作为物光经反射镜 M_1 反射,通过扩束镜 BE 与准直透镜 L_1 形成平行光束,再经过大平面镜 M_2 反射到输入平面 P_1("光"字底片)上,P_1 放置于 L_2 的前焦面上,经过透镜 L_2 在后焦面 P_2 处形成频谱,在此处放上全息干板,同时 P_2 也放在 L_3 的前焦面上,在 L_3 的后焦面 P_3(输出平面)处放上毛玻璃,观察成像情况。由分束镜 BS 分成的另一束光(参考光)经反射镜 M_3 偏折,引入到全息干板(P_2 频谱面)上,使物光与参考光在全息干板上相干叠加。

透射系数为 $g(x_0,y_0)$ 的透明片放置在输入平面 P_1 的中心位置上,在频谱面 P_2 上得到其频谱 $G(\xi,\eta)$,显然有:

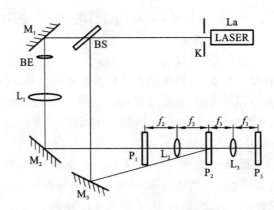

图 42-2 光学图像识别实验光路

L_a—激光器；M_1、M_2、M_3—反射镜；K—光电开关；BS—分束镜；L_2、L_3—变换透镜；

BE—扩束镜；L_1—准直透镜；P_1—输入平面；P_2—记录干板（频谱面）；P_3—输出平面（像面）

$$G(\xi,\eta) = \mathscr{F}\{g(x_0,y_0)\} \tag{42-2}$$

另有一平行光束斜射到平面 P_2 上作为参考光。它相当于输入平面 P_1 上位于 $(x_0=-a,y_0=0)$ 位置上的一个点光源 $\delta(x_0+a)$ 发出的经过透镜 L_2 准直的斜光束。它在平面 P_2 上的光场分布为

$$U_R = \mathscr{F}\{\delta(x_0+a)\} = \exp(j2\pi\xi a) \tag{42-3}$$

在平面 P_2 上用全息干板记录频谱 $G(\xi,\eta)$ 与参考光 U_R 所形成的干涉图样，该干涉图样的强度分布为

$$I(\xi,\eta) = |G(\xi,\eta) + \exp(j2\pi\xi a)|^2 = (1+|G|^2) + G^* \exp(j2\pi\xi a) + G\exp(-j2\pi\xi a) \tag{42-4}$$

正确掌握曝光及显影时间，使干板的 γ 值等于 2。这样得到的全息图，其振幅透射系数 $T(\xi,\eta)$ 正比于曝光时照射光的强度 $I(\xi,\eta)$，即

$$T(\xi,\eta) \propto I(\xi,\eta) = (1+|G|^2) + G^* \exp(j2\pi\xi a) + G\exp(-j2\pi\xi a) \tag{42-5}$$

上式中第二项除了一个简单的复数因子外，正比于 G^*，因此这个全息图可以作为信号 $g(x_0,y_0)$ 的匹配滤波器。

3. 光学图像识别原理

在图 42-3 中，如果将振幅透射系数 $T(\xi,\eta) = G^*(\xi,\eta)$ 的滤波器在平面 P_2 上复位，挡住参考光束 U_R，用原来放在输入平面 P_1 上的透明片 $g(x_0,y_0)$ 作为输入信号，则在平面 P_2 后面输出信号的复振幅分布为

$$U_2(\xi,\eta) = G(\xi,\eta)T(\xi,\eta) = G(1+|G|^2) + GG^* \exp(j2\pi\xi a) + GG\exp(-j2\pi\xi a) \tag{42-6}$$

可见，在平面 P_2 后面的输出信号包括三项。第一项 $U_{21} = G(1+|G|^2)$，其中括号内为一实数，该项经过透镜 L_2 变换后在输出平面 P_3 上是一个位于 $(0,0)$ 处的 $g(x_0,y_0)$ 的实像。第二项为

$$U_{22}(\xi,\eta) = GG^* \exp(j2\pi\xi a) = |G|^2 \exp(j2\pi\xi a) \tag{42-7}$$

该项表示一束沿原来参考光束方向传播的平面波。它经过透镜 L_2 后，在输出平面 P_3 上得到其

傅里叶逆变换 $U_{32}(x_0', y_0')$。根据自相关定理和傅里叶变换的相移定理,有

$$U_{32}(x_0', y_0') = \mathscr{F}^{-1}\{GG^* \exp(j2\pi\xi a)\} = g(x_0', y_0') \, \bigstar \, g(x_0', y_0') * \delta(x_0' + a)$$
$$= g(x_0', y_0') \, \bigstar \, g(x_0' + a, y_0') \tag{42-8}$$

式中:符号"☆"表示自相关运算;"$*$"表示卷积运算。这个公式表明,$g(x_0', y_0')$ 的自相关亮点在输出平面 P_3 的 $(-a, 0)$ 处,这恰好就是原来的参考光束经过透镜 L_3 后在输出平面 P_3 上的像点。这一过程可以这样理解:在记录时,全息图是由图像的频谱与参考光束干涉形成的;在进行图像识别时,如果用原来图像的频谱光束作为再现光束照射全息图,则必然准确地重现参考光束,而参考光束是一列平面波,经过透镜 L_3 后在输出平面 P_3 上便得到一个亮点。

式(42-6)右边第三项为 $U_{23} = GG \exp(-j2\pi\xi a)$,这束光沿着与 U_R 相反的方向偏离光轴,经过透镜 L_3 后在输出平面 P_3 上得到其傅里叶逆变换。根据卷积定理及傅里叶变换相移定理,有

$$U_{33}(x_0', y_0') = \mathscr{F}^{-1}\{GG \exp(j2\pi\xi a)\}$$
$$= g(x_0', y_0') * g(x_0', y_0') * \delta(x_0' - a, 0)$$
$$= g(x_0', y_0') * g(x_0' - a, y_0') \tag{42-9}$$

这是 $g(x_0', y_0')$ 的卷积项,其中心位置在 $(a, 0)$ 处。卷积项是一个模糊的图像。

综上所述,如果输入图像为 $g(x_0, y_0)$,则经过匹配滤波器 G^* 滤波后在输出平面 P_3 的中央将得到该图像的实像,上边 $(-a, 0)$ 处是自相关亮点,下边 $(a, 0)$ 处是模糊的图像,如图 42-3 所示。

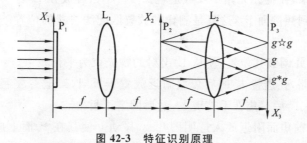

图 42-3　特征识别原理

L₁、L₂—傅里叶变换透镜;P₁—输入平面;P₂—频谱面;P₃—输出平面

如果在输入平面 P_1 上输入的是与 $g(x_0, y_0)$ 不同的图像 $q(x_0, y_0)$,则在输出平面 P_3 的中心得到该图像的实像 $q(x_0', y_0')$,在上半部得到互相关 $q \bigstar g$,在下半部得到卷积 $q * g$。互相关及卷积的图像比较模糊,这是因为所用滤波器只对图像 g 是匹配的,对其他图像则不匹配,因而在频谱面 P_2 后面的约束 QG^* 和 QG 的波前都不是平面波,通过透镜 L_3 后在输出平面 P_3 上自然得不到清晰的亮点。

如果输入图像仍是 $g(x_0, y_0)$,但其在输入平面 P_1 上的位置相对于记录全息图时的原始位置有一小的位移,如沿 x_0 方向有一位移 b,则输入图像可表示为 $g_1(b_0 - b, y_0)$。根据傅里叶变换的相移定理,有

$$G_1 = \mathscr{F}^{-1}\{g_1(x_0 - b, y_0)\} = G(\xi, \eta) \exp(-j2\pi\xi b) \tag{42-10}$$

与式(42-6)类似,可以推导出频谱 $G_1(\xi, \eta)$ 通过滤波器 $G^*(\xi, \eta)$ 后输出信号的复振幅表达式。其中第二项变为

$$U_{22}(\xi, \eta) = GG^* \exp(j2\pi\xi a) \exp(-j2\pi\xi b) = GG^* \exp[-j2\pi\xi(b-a)] \tag{42-11}$$

由上式可见,式(42-11)这一项对应输出面光场,仍然是 $g(x_0,y_0)$ 的自相关项,只是自相关亮点的位置移到 $(b-a,0)$ 处,即相对于原来的自相关点有一个位移 b。因此,根据输出平面 P_3 上自相关亮点的位置可以确定要识别的文字或字符所在的位置。

如果输入图像仍是 $g(x_0,y_0)$,但其位置相对于原始位置旋转了一个角度 φ,则可以证明在输出平面 P_3 上自相关亮点的亮度将随着转角 φ 的增大而单调地衰减。

四、实验内容

1. 选择光学部件

根据实验光路图 42-2 选择适当的光学部件。所有光学部件的中心高度必须一致。L_2 和 L_3 为傅里叶变换透镜,也可用一般透镜代替;但 L_2 的焦距 f_2 应大一些,L_3 的焦距 f_3 允许小一些。输入平面 P_1 处采用带有旋转架的小镜座,频谱面 P_2 处放置复位架。BS 采用高反低透分束镜(在本实验中,考虑到物光通过数个光学透镜能量损失较大,故采用 1:1 分束镜,以保证参考光强于物光,但物光也不应太弱)。

2. 调整光路

(1)调整好光路,使从分束镜 BS 出射的参考光束与物光束重合,两臂上的光束互相平行,特别注意使反射镜面反射后的光束与工作台面平行。在安排光路时,使 P_1 位于 L_2 的前焦面,P_2 位于 L_2 的后焦面,同时在 L_3 的前焦面形成 4f 光学系统。各光具架底座不得相碰。

(2)挡住参考光束,在物光光路中安放透镜 L_2,将小白屏放在 L_2 后焦面附近,使物光束聚焦在小白屏上,观察到频谱面 P_2,这就是制作和放置匹配滤波器的位置。调好后固定磁性座,撤去小白屏。

(3)放入透镜 L_3 并调节其位置,使从 L_3 出射的物光束为平行光束。

(4)打开参考光路,在透镜 L_3 的后焦面附近放置干板架,架上夹放毛玻璃。移动干板架,使参考光束经过透镜 L_3 后聚焦在毛玻璃上,然后固定干板架。

(5)在透镜 L_2 的前焦面附近放入透明图片 g,移动 g 使其在 P_3 面上成清晰的像。调节时可先用毛玻璃盖在透明图片前面,在 P_3 面上得到清晰的像后再撤去毛玻璃。这时,透明图片 g 位于透镜 L_2 的前焦面 P_1 上。

(6)在频谱面 P_2 处的复位架上装插小白屏,调节反射镜 M_3 和微调分束镜的方位,使参考光与物光构成一定角度,并在频谱面 P_2 上两光束重合,即参考光束在频谱面 P_2 上的光斑中心应与物光束经透镜 L_2 会聚于频谱面 P_2 上的亮点重合。同时,还要保证参考光束在像面 P_3 上的聚焦点离开像区有一定距离,但又不能太远,以便在识别时容易观察。在调节时还要注意在频谱面 P_2 上频谱光强与参考光强的比例,一般以能观察到二、三级频谱较为合适,如果光强比不合适,可更换透反比合适的分束镜。

3. 制作匹配滤波器

调节好光路后在位于频谱面 P_2 处的干板夹上夹装全息干板便可拍摄全息图。曝光后的全息干板固定于原处,用液体升降台进行原位显影、定影、水洗、干燥等处理,便制得该输入图像的匹配滤波器。此步骤是整个实验成败的关键,处理全息干板时一定要仔细小心,千万不要撞击,使之移位。

4. 观察相关及卷积结果

全息图复位后，挡住参考光束，只让物的频谱光束照射全息图（即匹配滤波器）。这时，将再现原来的参考光束，因而在输出平面 P_3 上存在自相关亮点，其位置与原来参考光的聚焦点重合。在对称位置上出现卷积像，中间零级是物的实像。在实验中往往只能看到中央的零级像，而看不到自相关亮点及卷积像，这往往是由于所用的透镜 L_3 的孔径比较小，经过匹配滤波器的 ±1 级衍射光不再进入透镜 L_3 所致。这时，改变透镜 L_3 的位置可分别观察到自相关点及卷积像。

5. 观察输入图像位置变化对自相关亮点的影响

平移输入图像，可在输出平面 P_3 上看到自相关亮点随之移动，但不会消失，亮度也没有变化。当输入图像旋转时（用旋转架），自相关亮点亮度减弱，转过 3°～5° 时亮点就会消失。

6. 失配情况的观察

在输入平面 P_1 上换装另一幅图片，在输出平面上找不到自相关亮点。

五、思考题

（1）从众多指纹中，检查是否有某人的指纹，这称为指纹识别。试详细叙述指纹识别的具体步骤。

（2）如果用字母"A"制作匹配滤波器，识别时用倒置的字母"V"输入，问输出平面上能否得到自相关亮点？为什么？

（3）如果要同时检测一页书上几种字符（如四种）各有多少，应制作怎样的匹配滤波器？

实验 43　彩色面阵 CCD 颜色处理及识别实验

在用彩色面阵 CCD 获取被测对象的表面特征时，由于对象物体具有不同的色彩，因此学习利用彩色面阵 CCD 进行彩色图像的分解与合成，进而用此种方法对颜色信息进行识别和图像处理是本实验的主要目的。另外，通过实验也能对 R、G、B 色品坐标与三基色色彩方程有进一步的认识。例如，若想从红豆堆里分辨出如绿豆、黑豆、花小豆、砂石等杂质，可以将被测小豆经彩色面 CCD 摄取并采集的彩色图像分解成 R、G、B 三幅单色图像，用计算机软件分析这 3 幅单色图像的输出幅度。若 G、B 图像的输出幅度超过某阈值，则表明其为杂质。可以用电磁气阀将其吹出，实现除去杂质的目的。在彩色印刷过程中常采用顺序印刷单色图像的方法，在印每种颜色时都要检测其质量。

因此，用彩色面阵 CCD 将彩色图像分解出单色图像再进行色品分析是保证彩色印刷质量的关键。将三原色单色图像合成为一幅图像，该幅图像为真彩色图像。若对一色、二色或三色单色图像进行对比度、白电平等参数的调整，结果会使合成的彩色图像的颜色、饱和度、色度等色品参数发生变化，即彩色图像被处理。通过彩色图像的处理能提高原图像的质量。

一、实验目的

(1)利用彩色面阵 CCD 可以将复杂的色彩图像分解为三原色单色图像。

(2)利用分解的单色图像进行颜色信息的识别。

(3)通过彩色图像的处理能提高原图像的质量。

二、实验仪器

面阵 CCD 一套；颜色卡一张；面阵 CCD 配套软件。

三、实验原理

对于彩色图像，它的显示来源于 R、G、B 三原色亮度的组合。针对目标的单色亮度、对比度，可以人为的分为 0～255，共 256 个亮度等级。0 级表示不含有此单色，255 级表示最高的亮度，或此像元中此色的含量为 100％。根据 R、G、B 的不同组合，就能表示出 256×256×256（约 1600 万）种颜色。当一幅图像中的每个像素单元被赋予不同的 R、G、B 值，就能显示出五彩缤纷的颜色，形成彩色图像。

掌握"彩色三要素""三基色原理""混色原理""颜色的度量和表示""CIE 标准色度学系统"等基础知识。

学习 R、G、B 色彩系统显示原理。

四、实验内容

(1)用 USB 连接线将彩色面阵 CCD 相机与计算机的 USB2.0 连接起来；打开计算机的电源开关，确定"面阵 CCD 颜色识别实验"程序是否已经安装。

(2)按照前面实验的要求采集一幅清晰的三原色标准卡奇偶场相片，单击"色彩还原"按钮获得一幅彩色图像，如图 43-1 所示。

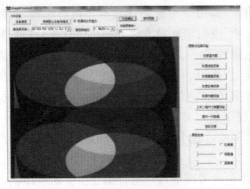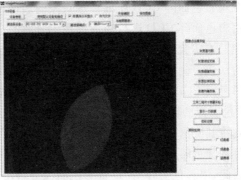

图 43-1　三原色标准卡

(3)显示不同通道的图像，如图 43-2、图 43-3、图 43-4 所示，并分析哪种颜色在哪个通道灰度值比较大。

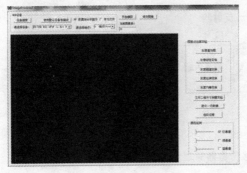

图 43-2 红通道

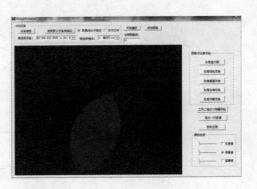

图 43-3 绿通道

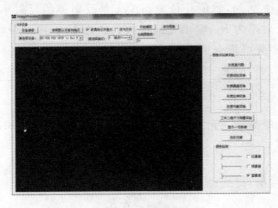

图 43-4 蓝通道

五、思考题

白色的图片在各个不同的通道灰度值有什么特点?

实验 44 光纤位移测量实验

一、实验目的

(1)掌握反射型光纤测位移的原理。
(2)利用反射型光纤实现位移的测量。

二、实验仪器

光纤传感综合实验系统一台;光纤位移测量组件一块;光功率计一块;连接导线若干。

三、实验原理

反射式光纤位移测量原理图如图 44-1 所示。

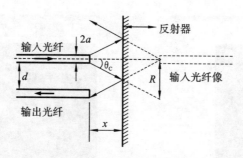

图 44-1　反射式光纤位移传感器原理图

光从光源耦合进入输入光纤射向反射面,再被反射回光纤,由探测器接收。设两根光纤的距离为 d,每根光纤的直径为 $2a$,数值孔径为 NA,x 是反射器的反射平面到输入(输出)光纤断面的距离,设反射面反射率为 R_0,输出光纤接收到的光强为 $I(x)$,输入光纤输出的光强为 I_0,ξ 为光源种类及光源跟光纤耦合情况有光的调制参数,则有

$$I(x) = \frac{R_0 I_0}{\left[1 + \xi\left(\dfrac{x}{\alpha}\right)^{3/2}\tan\theta_C\right]^2} \cdot \exp\left\{-\frac{R^2}{a^2\left[1 + \xi\left(x/a\right)^{3/2}\tan\theta_C\right]^2}\right\} \tag{44-1}$$

若测量小位移时,光源与输入光纤耦合较好,采用准共路光纤,$\xi \approx 0$,则式(44-1)变形为

$$I(x) = R_0 I_0 \cdot \exp\left(-\frac{R^2}{a^2}\right) \tag{44-2}$$

再对上式展开并忽略高阶项,得到:

$$I(x) = I_0\,\frac{a^2 R_0}{4x^2\tan^2\theta_C} \tag{44-3}$$

式中:数值孔径 $\mathrm{NA} = \sin\theta_C$。

在图 44-1 中近似得到

$$\tan\theta_C = \frac{R}{2x} \tag{44-4}$$

很显然,当 $d > R$ 时,即输出(接收)光纤位于反射光光锥之外,两光纤的耦合为零,无反射光进入接收光纤,$I(d) = 0$;当 $d < R$ 时,即输出(接收)光纤位于反射光锥之内,有反射光进入接收光纤,$I(d) \neq 0$。得到 $I\text{-}x$ 关系图如图 44-2 所示。

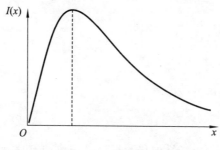

图 44-2　$I\text{-}x$ 关系图

如果要定量地计算光耦合系数,就必须计算出反射光线的反射光斑与输出光纤端面的重叠面积,如图 44-1 所示,由于接收光纤芯径很小,常常把光锥边缘与接收光纤芯径交界弧线看

成是直线。通过计算得到重叠面积与光纤端面面积之比,即

$$\alpha = \frac{1}{\pi}\left[\arccos\left(1-\frac{\delta}{\alpha}\right) - \left(1-\frac{\delta}{\alpha}\right)\sin\left(1-\frac{\delta}{\alpha}\right)\right] \tag{44-5}$$

本实验使用阶跃型光纤,采用准共路方式,与反射器相邻端相连的为光纤传感器探头,它与被测体相距 x,光源发出的光经过光纤传到被测物体再由被测物体反射回来,有另一光纤接收光信号经光电转换器转换成电压,而光电转换器的电压大小与间距 x 有关,因此可以用于测量位移。

本实验采用的是传光型光纤,它由两束光纤混合后,组成 Y 型光纤,半圆分布即双 D 分布:一束光纤端部与光源相接发射光束;另一束端部与光电转换器相接接收光束。两光束混合后的端部是工作端(也称探头),它与被测体相距 x,由光源发出的光传到端部出射后再经被测体反射回来。反射光经另一束光纤射出并照射到光探器件上,接收的光信号由光电转换器转换成电压,而光电转换器转换的电压大小与间距 x 有关,因此可用于测量位移。

四、实验注意事项

(1)打开电源之前,将电源调节旋钮逆时针调至底端。

(2)实验操作中不要带电插拔导线,应该在熟悉原理后,按照接线图连接,检查无误后,方可打开电源进行实验。

(3)若电流表或电压表显示为"1_"时,说明超出量程,选择合适的量程再测量。

(4)严禁将任何电源对地短路。

五、实验步骤

1. 反射式光纤位移测量实验

(1)将结构件组装好。

(2)将光纤光源输入及输出连接好。

(3)调节光强变化,观察光功率是否随之变化。

(4)调节螺旋测微丝杆,使光纤端面与反射镜的距离从 1 cm 变为 0,观察光功率变化。

(5)旋转测微头,改变光纤端面与反射镜面的距离,每隔 0.1 mm 读取光功率值,将所测的数据填入表 44-1 中。

表 44-1　光纤位移传感器的输出光强与位移数据 x

x/mm										
I/mW										

(6)根据表 44-1 中的数据画出 $I\text{-}x$ 曲线。

(7)实验完毕,关闭所有电源。

2. 对射式光纤位移测量实验

(1)实验步骤同上。

(2)分析两种传感器间的差异。

六、思考题

(1)光纤位移传感器测位移时对被测体的表面有些什么要求？

(2)分析光纤传感过程中可能存在哪些误差因素？如何避免或减小这些因素导致的测量误差？

(3)设计并实现光纤位移测量的距离标定和显示。

实验 45　光纤微弯测量实验

一、实验目的

(1)了解光纤微弯的特性原理。

(2)熟悉光纤微弯的原理及测量方法。

(3)掌握光纤微弯的基本应用方法。

二、实验仪器

光纤传感综合实验系统一台；光纤微弯组件一套；连接导线若干。

三、实验原理

目前最常用的光纤微弯称重原理图如图 45-1 所示，微弯结构由一对机械周期为 Δ 的齿形板组成，敏感光纤从齿形板中间穿过，在齿形板的作用力 F 下产生周期性的弯曲。当齿形板受外部扰动时，光纤的微弯程度随之变化，从而导致输出光功率的改变，通过光检测器检测到的光功率变化来间接地测量外部压力（或重量）的大小。

结构件主要通过上压齿和压槽使塑料光纤产生微弯形变。其中光源器件采用高亮发光二极管，接收器件采用光敏二极管。在称重过程中，由于重物压缩称重托盘，托盘带动上压齿压缩塑料光纤，使塑料光纤产生形

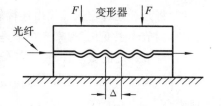

图 45-1　光纤微弯称重原理图

变，进而使得光在光纤中的传播损耗增加，光强减弱，最后通过光敏二极管检测其光强变化，以实现光纤微弯的功能。

四、实验注意事项

实验过程中严禁用导体接触实验仪裸露元器件及其引脚。

五、实验步骤

(1)将结构件组装好。

（2）将光纤光源输入及输出连接好。

（3）调节光强变化，观察光功率是否随之变化。

（4）调节螺旋测微丝杆，1 cm 变为 0，观察光功率变化。

（5）旋转测微头，改变光纤微弯形变情况，每隔 0.1 mm 读取光功率值，将所测的数据填入表 45-1 中。

表 45-1　光纤输出光强与位移数据 x

x/mm									
I/mW									

（6）根据表 45-1 中的数据画出 I-x 曲线。

（7）实验完毕，关闭所有电源。

六、思考题

（1）分析光纤微弯过程中可能存在哪些误差因素？如何避免或减小这些因素导致的测量误差？

（2）试自行设计一种光纤微弯称重方案，减小前后实验的偏差，提高光纤微弯称重实验精度。

实验 46　荧光发射光谱测量与溶液浓度定标实验

一、实验目的

（1）了解荧光发射光谱原理及荧光光谱强度与溶液溶度之间的关系。

（2）学习利用光谱仪测量溶液荧光强度，并标定溶液溶度方法。

二、实验原理

1. 荧光的产生与荧光光谱

荧光是指一种光致发光的冷发光现象。当某些常温物质经某种波长的入射光（通常是紫外线）照射，吸收光能后进入激发态，并且立即退激发并发出比入射光波长长的出射光（通常波长在可见光波段）；而且一旦停止入射光，发光现象也随之立即消失。具有这种性质的出射光称为荧光。

荧光产生的过程如图 46-1 所示。

（1）处于基态最低振动能级的荧光物质分子受到紫外线的照射，吸收了和它所具有的各种特征频率相一致的光线，跃迁到第一电子激发态的各个振动能级。

（2）被激发到第一电子激发态的各个振动能级的分子通过无辐射跃迁降落到第一电子激发态的最低振动能级。

（3）降落到第一电子激发态的最低振动能级的分子继续降落到基态的各个不同振动能级，同时发射出相应的光子（荧光）。

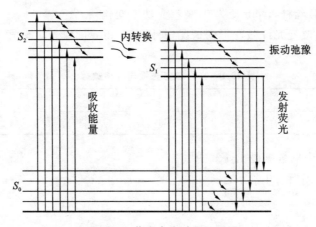

图 46-1　荧光产生过程跃迁图

根据荧光产生的过程，能够使荧光物质产生吸收并发射出荧光的激发光的波长并不具有唯一性；对荧光光谱的研究通常包括激发光谱与发射光谱测定。本实验只测量发射光谱。

（1）激发光谱。

固定发射波长，扫描出物质的荧光发射强度与激发波长的关系曲线，反映了从基态到所有与该荧光发射有关的能级之间的跃迁。

（2）发射光谱。

固定激发波长，扫描出物质发射荧光强度与发射波长的关系曲线，反映了第一电子激发态的最低振动能级到基态的各个不同振动能级之间的跃迁。

2. 荧光光谱与物质定量

荧光强度 I_f 正比于吸收的光强 I_a 和荧光量子效率 φ ，即

$$I_f = \varphi I_a \tag{46-1}$$

由朗伯-比耳定律：

$$I_a = I_0(1 - 10^{-\varepsilon l c}) \tag{46-2}$$

式中：I_0 为入射到物质上的光强；ε 为摩尔吸光系数，对于一种物质来说，在某特定波长处摩尔吸光系数是恒定的；l 为样品的光路长度；c 为物质的浓度。故：

$$I_f = \varphi I_0(1 - 10^{-\varepsilon l c}) = \varphi I_0(1 - e^{-2.3\varepsilon l c}) \tag{46-3}$$

将 $e^{-2.3klc}$ 对 c 进行泰勒展开

$$e^{-2.3klc} = 1 - 2.3klc + \frac{1}{2}(2.3kl)^2 c^2 - \frac{1}{6}(2.3kl)^3 c^3 + \cdots$$

浓度 c 很低时，忽略高次项，得：

$$I_f \approx 2.3\varphi I_0 \varepsilon l c = Kc \tag{46-4}$$

即溶液浓度很低时，荧光强度 I_f 与物质浓度成线性关系。

3. 光谱仪介绍

本实验使用海洋光学公司生产的便携式光谱仪 FLAME-S-VIS-NIR，光谱范围为 350～

1000 nm,分辨率为 0.4 nm。光谱仪内部的分光光度计(包括反射镜、光栅、狭缝与探测器)被安装在一个光学平台上,其内部结构图和实物图如图 46-2 所示。

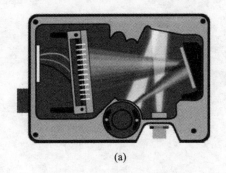

(a) (b)

图46-2　海洋光谱仪内部结构图(见图(a))和实物图(见图(b))

光谱仪用配套光纤接收光能,然后通过集成的光栅使光发生色散并使之穿过线阵 CCD 探测器,该探测器有 2048 个均匀分布的像元。从探测器输出的信号通过 USB 传至计算机软件进行处理,最快每毫秒可进行一次测量并成像在显示器上。因此,每帧图像是计算机处理了多个像元输出数据的结果,这个过程非常快以致能观察到"即时"光谱。每次测量所用时间(积分时间)可以通过软件调节,增加积分时间可增加光谱强度。

该光谱仪比较敏感,能够接收到微弱的信号,所以实验中要注意进入光谱仪的光强不能太强,在观察激发光的光谱时,要调节激发光源强度不使 CCD 饱和,如果光强太强,长时间饱和,则会损坏光谱仪。

海洋光谱仪有配套的软件 SpectraSuite,通过 USB 与计算机连接,SpectraSuite 软件可以显示光谱图并能保存光谱图数据,除了能测量荧光光谱外,还可以测量吸光度、透过率和反射率。通过 SpectraSuite 软件,可以进行去除噪声和暗背景操作,以及光谱图缩放及数据存储等操作。SpectraSuite 软件界面如图 46-3 所示。

三、实验内容

(1)观测荧光物质(本实验选用荧光增白剂——双三嗪氨基二苯乙烯)溶液在激发光(本实验采用固定波长的 LED 紫外光源,峰值波长 365 nm)照射下的发光现象,肉眼观察激发光颜色与荧光颜色。关闭激发光源,观察激发光与荧光发射同时熄灭的特性。用光谱仪分别测量激发光波长与荧光峰值波长。

(2)保持激发光功率不变,对已知 10 种不同浓度的低浓度溶液(实验室预先配制好),用光谱仪分别测量荧光峰值处的相对强度。根据测量结果分析溶液浓度与荧光峰值强度之间是否为线性关系。

(3)对一种未知浓度的溶液(实验室预先配制好),用光谱仪测量荧光峰值处的相对强度,并计算溶液浓度。

(4)自配几种较高浓度的溶液(浓度>2~10 mol/L),并测量对应的荧光峰值强度。根据测量结果分析二者之间是否仍为线性关系。

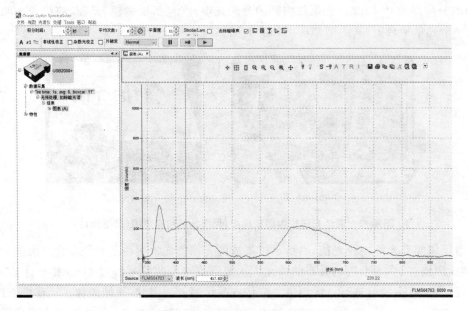

图 46-3　SpectraSuite 软件界面

四、实验步骤

1. 仪器连接

将 LED 光源（激发光源）输出通过专用测量光纤连接到测量盒输入端，对面的输出端与光谱仪用专用测量光纤相连，盖上遮光盖，光谱仪与计算机用 USB 数据线相连。

2. 光谱仪设置

积分时间设置为 100 ms，平均次数设置为 5，平滑度设置为 3，勾选去除暗噪声。

3. 观测激发光源的谱线

单击缩放工具 ，设置显示范围到最大。打开光源，小心调节输出功率使光源输出不超过光谱仪 CCD 的饱和值，此时显示器上将显示一条锐利的光谱曲线。关闭光源，单击 ，保存暗光谱。再次打开光源，单击 ，扣除暗光谱，观察到光源光谱曲线的底部下移到与横轴重合。测量峰值波长，单击停止采样键 ，显示器上稳定显示一条光谱曲线。在光谱曲线峰附近单击鼠标左键，将绿色的竖直标线移到鼠标单击处，若与光谱曲线的峰没有重合，则通过调节图表窗口下端的波长值（该波长值即为绿色竖直标线处的波长）将绿色竖直标线移到峰值处，读出此时的波长，即激发光源的峰值波长，标称值为 365 nm。关闭光源。

4. 观测荧光光谱

打开遮光盖。取出比色皿，先用纯净水冲洗比色皿，取配备好的溶液（浓度最低的那份），倒入比色皿，将输出光纤接到测量盒侧面的输出端，盖上遮光盖。逐渐调大激发光源的输出功率，显示器上出现荧光光谱。继续调大激发光的输出功率，荧光谱线增强，激发光输出功率以荧光功率不超出 CCD 的饱和值为限（一般可以将激发光输出功率调到最大）。

5. 测量荧光峰值波长和峰值相对强度

单击缩放工具 ⊞，自动调整显示范围，使之与谱线高度、宽度匹配。单击停止采样键 ▮▮ ，显示器上稳定显示一条光谱曲线，在荧光光谱曲线峰附近单击鼠标左键，将绿色的竖直标线移到鼠标单击处，若与荧光光谱的峰没有重合，则通过调节图表窗口下端的波长值（该波长值即为绿色竖直标线处的波长）将绿色竖直标线移到峰值处，读出此时的波长，即荧光的峰值波长。图表窗口下端中部的红色数字即为峰值处的相对功率强度，记下此数值。

用同样的方法依次测量另外九种已知浓度的溶液对应的荧光光谱峰值相对功率（按浓度递增的次序），并测量未知溶液浓度对应的荧光光谱峰值功率。

6. 自行配制五种浓度较高的溶液

配制步骤如下。

(1) 打开电子秤电源，调零。首先测量盛放试剂容器（测量时要保持干燥）的质量并记为 a。用药匙向容器中添加所秤试剂 b，此时电子秤示数为 $a+b$。

(2) 将容器中的药品转移到小烧杯中，并用少量高纯水对容器进行多次清洗后一并倒入小烧杯中，再用玻璃棒搅拌均匀。

(3) 用高纯水润洗 1000 mL 容量瓶，然后将玻璃棒放到容量瓶刻度线以下，将小烧杯中的溶液沿玻璃棒缓缓注入容量瓶中。注意，玻璃棒不能与容量瓶瓶口接触以免溶液沿瓶口流出。

(4) 用高纯水清洗小烧杯，重复上一步，要进行多次清洗直至小烧杯中的溶液呈无色，即小烧杯中的试剂全部注入容量瓶中。

(5) 继续将高纯水注入容量瓶中直至液面离刻度线 1～2 cm 处，然后用胶头滴管定容至液面凹切面与刻度线相切。

(6) 盖上容量瓶的瓶塞，上下颠倒容量瓶以摇匀溶液。至此母溶液配制完成。

(7) 用高纯水清洗量筒，再用已配制好的母溶液润洗量筒，之后用量筒量取所需体积的溶液进行稀释，用胶头滴管定容。

7. 测量所配溶液对应的荧光光谱峰值功率

用前述同样的方法测量所配溶液对应的荧光光谱峰值功率。测试完毕，将激发光源输出功率调至最小，关闭光源。用纯净水冲洗比色皿。

五、数据处理

(1) 将测量数据列表，显示不同溶液浓度对应的荧光谱线峰值功率（相对功率）。

(2) 根据测量数据画出溶液浓度与荧光谱线峰值功率的关系曲线，若为线性关系，求相关系数。相关系数 r 由下式计算

$$r = \frac{\sum (x_i - \bar{x})(y_i - \bar{y})}{\sqrt{\sum (x_i - \bar{x})^2} \sqrt{\sum (y_i - \bar{y})^2}}, \quad \bar{x} = \frac{\sum x_i}{n}, \bar{y} = \frac{\sum y_i}{n} \tag{46-5}$$

(3) 根据测得的浓度-荧光峰值功率的关系曲线计算未知溶液浓度。

六、注意事项

(1) 每次在待测溶液倒入比色皿测量之前，先用纯净水冲洗比色皿，然后用少量待测溶液

(2~3 mL)冲洗比色皿。

(2)整个测量过程中不可调节激发光源的输出功率。

(3)实验过程有一定的动态荧光淬灭现象(可能由于荧光物质的光氧化造成),荧光峰值光强随激发时间有所下降。测量时将比色皿放入测量盒后要尽快捕捉光谱,再进行测量,不可在捕捉光谱前停留过长时间。

实验 47　光纤传输激光脉冲消融生物软组织实验

由于激光的单色性、方向性好,能量集中,并且能采用光导纤维传输光束,近年来世界激光医学界的进展正是充分利用激光自身的这些优点,完成其他手段不能或难以进行的手术和治疗。而波长为 2.1 μm 的激光在水中的吸收系数达到 30 cm^{-1} 且可在低氢氧根、大芯径、商业化的光纤中低损耗地传输。鉴于激光与生物组织相互作用时的消融或切割效率、热损伤效应、热凝固止血效果等因素,此波长激光可成为激光医学临床应用中的一种折中选择。

水作为生物软组织中主要生色团,有些软组织中水成分占 90% 以上,因此水直接决定波长为 2.1 μm 的钬激光与组织相互作用进程中的主要机理。激光作用时,大部分能量首先被水吸收并使水受热而急剧膨胀,当温度升高到水的沸点时,激光诱导汽化泡形成且其表面张力超过组织表面最大张力时,组织结构将会被完全破坏,瞬间有消融物喷射出组织表面。

一、实验目的

(1)了解并掌握光纤传输近红外脉冲激光消融生物软组织的物理机制。

(2)了解并掌握光纤传输近红外脉冲激光消融生物软组织时热损伤的评估方法和手段。

二、实验仪器

光纤耦合激光输出的自由运转钬激光器;新鲜猪肝组织若干;薄刀片;光学显微镜;激光能量计;光探测器;示波器。

三、实验原理

对于激光脉冲宽度在微秒域时,物质消融与激光脉冲作用几乎同时发生,激光脉冲未结束前物质消融已经开始,因此初始的消融物将会直接影响后续激光的消融效率。每消融单位质量组织时需要激光能量为 h_{abl} ,ρ 为物质密度,假定激光作用后不久物质开始消融并持续到激光脉冲结束。当激光能量密度 Φ_0(单位面积上的能量)超过消融阈值 Φ_{th},消融深度 δ 与入射激光能量密度 Φ_0 成线性函数关系:

$$\delta = \frac{\Phi_0 - \Phi_{th}}{\rho h_{abl}} \tag{47-1}$$

如果定义消融效率 η_{abl} 为每单位能量消融的质量元,则有

$$\eta_{abl} = \frac{\rho\delta}{\Phi_0} \tag{47-2}$$

把式(47-1)代入式(47-2)可得如下方程:

$$\eta_{abl} = \frac{\Phi_0 - \Phi_{th}}{h_{abl}\Phi_0} \tag{47-3}$$

可见激光脉冲消融效率与激光能量密度值成正比。

长脉冲激光与生物组织的作用机理主要是光热效应。光热作用是激光作用于生物组织时,组织分子吸收光子能量后其振动和转动加剧,在宏观上表现为受照射的局部逐渐变热,组织温度升高。激光的热作用效果取决于组织所达到的温度以及组织保持在这一温度上的时间。然而利用光热效应消融生物组织时,激光脉冲宽度对热效应副作用的影响很大,主要取决于脉冲宽度 τ 与热弛豫时间 t_{th} 的比值,如果二者比值大于 1,则热效应副作用明显且不可避免;反之,则热效应副作用不明显且可避免,因为在热弛豫时间 t_{th} 内激光脉冲能量能够全部沉积于生物组织的被消融区而不会传向邻近正常组织,从而减小了对周围正常组织的损伤。热弛豫时间 t_{th} 可用下述公式表述:

$$t_{th} = \frac{\delta^2}{4k} \tag{47-4}$$

式中: δ 为照射到生物组织表面激光光束半径和消光长度的最小值; k 为热扩散率。如果 $\tau < t_{th}$,则称为满足热局限条件(thermal confinement);若 $\tau > t_{th}$,则称为不满足热局限条件,此时对邻近组织损伤较大。例如,传输光纤芯径为 $400\ \mu m$ 时,波长为 $2.12\ \mu m$ 的钬激光在水中吸收系数为 $30\ cm^{-1}$,消光长度为 $333\ \mu m$,热弛豫时间 $t_{th}=69\ ms$ 远大于最大脉冲宽度 $1.2\ ms$ 。光纤传输激光消融生物组织原理如图 47-1 所示。

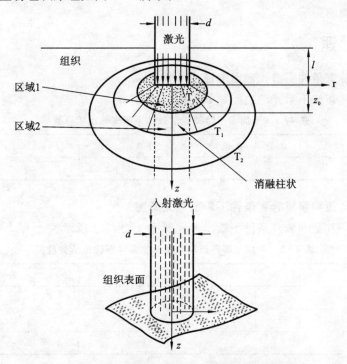

图 47-1　光纤传输激光脉冲消融组织模型

(注: T_0 、 T_1 、 T_2 分别对应碳化层、凝固层和热影响层平均温度。)

四、实验内容

1. 激光能量、脉宽、工作频率参数测量

实验前通过光功率能量计(以色列 Ophir 公司,表头 NOVA II,探测器 PE50BF-C)和光电探测器(PV-3,波兰 Vigo 公司,响应时间 $\tau < 15$ ns)分别对不同电源参数下的激光能量和脉宽进行测量,测量能量时光纤末端距探测器端面 5 mm 左右,测量时间不超过 10 s。在激光聚焦之前让激光辐射在一块铁片上,光电探测器与铁片成一定夹角放置并探测铁片端面的部分散射光,转化为电信号后输入示波器准确记录脉冲包络并进行脉冲宽度测试。激光工作频率可从功率/能量计表头直接读出。

2. 光纤传输钬激光消融猪肝

实验步骤如下。

(1)将保存福尔马林溶液(浓度 10%)中的新鲜猪肝取出后切片,放置在培养皿中,切片时尽量保证猪肝表面平整,然后用湿润的纱布将猪肝表面清理干净,并保持猪肝表面湿润。

(2)固定光纤,使出光端面与猪肝表面刚好垂直接触,打开激光器电源控制开关同时开始计时,脉冲钬激光与猪肝表面作用 6 s 后关闭控制开关,移开光纤。

(3)取出样品,在旁边放置刻度尺作为参照标尺,最小刻度 0.5 mm,用显微镜拍照消融凹坑表面形貌,结束后用手术刀沿中心轴线剖开凹坑,再用显微镜测试并拍照消融凹坑剖面形貌。依据照片分别测量损伤区域和消融区域的直径和深度,评估激光能量近似相同条件下脉冲宽度对消融性能的影响。

五、数据处理

1. 不同泵浦脉宽条件下激光输出能量

不同泵浦脉宽条件下激光输出能量如表 47-1 所示。

表 47-1　不同泵浦脉冲宽度条件下激光输出能量数据

泵浦脉宽/ms	0.2	0.4	0.6	0.8	1.0	1.2	1.4	1.6	1.8	2.0
激光能量/mJ										

2. 不同泵浦电压和泵浦脉宽条件下输出激光脉宽

不同泵浦电压和泵浦脉宽条件下输出激光脉宽如表 47-2 所示。

表 47-2　不同泵浦电压和泵浦脉宽条件下输出激光脉宽

次数	1	2	3	4	5	6	7	8	9	10
泵浦电压/V										
泵浦脉宽/μs										
脉冲宽度/μs										

说明:泵浦电压范围为 600～1000 V,泵浦脉冲宽度为 0.2～2 ms。实验中可任意选取特定的泵浦电压和泵浦脉冲宽度参数组合。

3. 不同激光参数组合(能量/脉宽)条件下凹坑形貌参数

不同激光参数组合(能量/脉宽)条件下凹坑形貌参数如表 47-3 所示。

表 47-3 不同激光参数组合(能量/脉宽)条件下凹坑形貌参数

激光能量/mJ					脉冲宽度/μs					
测量次数	1	2	3	4	5	6	7	8	9	10
凹坑直径/μm										
凹坑深度/μm										
碳化层长度/μm										
凝固层长度/μm										
热影响层长度/μm										

说明:消融凹坑沿径向往外颜色依次为黑色、浅黄色、白色、红白色,分别对应碳化层、凝固层、热影响层等。

六、注意事项

(1)严格按激光器操作流程启动和关闭激光系统。

(2)测量激光能量/功率、脉冲宽度时注意防止热效应对探头的损伤。

(3)注意使用生物软组织样品的保鲜,防止失水干燥。

(4)尽可能沿凹坑对称中心处剖开,多次测量进行数据统计分析。

七、思考题

(1)光纤传输近红外脉冲激光消融生物软组织的物理机制是什么?

(2)传输红外脉冲激光对光纤有何具体要求?

实验 48 微秒聚焦激光剥蚀铁靶实验

激光具备好的单色性、方向性和相干性,可适应多种材料的加工和成型制造,在工业和军事等方面应用广泛。与传统加工手段相比,激光加工在切割、焊接、刻槽、打孔和打标等方面具有高效率、高能和易操作等优点。激光与材料的作用过程为,当辐照的激光强度超过材料的消融阈值时,材料中的自由电子将吸收的光子能量转变为晶格能,该转变过程需要经历零点几个至几十个皮秒时间,即电子-光子弛豫时间。对于脉宽超过弛豫时间的激光而言,晶格和光子在激光脉冲结束前就已经达到热平衡状态,如果此时材料的冷却速度比能量沉积速率低,则会导致材料热力学性质的改变。首先是材料表面温度升高,当超过材料的熔点后,部分材料熔化,然后材料吸收后续的激光能量,温度升至沸点,发生汽化。汽化物吸收激光能量后,温度继续上升,形成等离子体,此过程可能会伴随熔融物质的喷溅。

实际上,激光与材料相互作用的机理受多因素影响,包括材料的性质(熔点、沸点、吸收率、反射率等)、消融环境(真空、气体或液体)和激光参数(能量、脉宽、脉冲频率等)。而激光脉宽由于直接影响消融效率和消融物理机制而成为至关重要的参数之一。

一、实验目的

(1)掌握对激光光束进行较为精准的准直、聚焦、定位等操作,将激光光束调制为一束能量密度高且光斑半径小的光束。

(2)了解对微秒脉宽激光脉冲聚焦并消融靶材后形成凹坑形貌评价的手段和方法。

二、实验仪器

自由运转钕激光器;红外凸透镜;体视显微镜;铁片若干;激光能量计;光探测器;示波器。

三、实验原理

激光加工精度由聚焦激光消融靶材形成凹坑的直径 D 决定,直径越小,加工精度越高。对于波长 λ 的激光,在光强 $1/e^2$ 处最小聚焦尺寸为

$$2\omega = \frac{4\lambda f}{\pi d}M^2 \tag{48-1}$$

式中:ω 是光斑半径;f 是透镜焦距;d 是聚焦前的光束半径;M^2 是光束衍射倍率因子,该参数衡量激光光束空域质量,对于 TEM_{00} 模式的高斯光束,$M^2 = 1$。使用激光的能量通量 ϕ(单位体积内的激光能量)代替激光能量 E,即

$$\phi = \frac{E}{\pi\omega^2} \tag{48-2}$$

假定激光光束是高斯光束,距离光束中心 r 处的通量可表示为

$$\phi(r) = \phi\exp\left(\frac{-2r^2}{\omega}\right) \tag{48-3}$$

则凹坑直径 D 可由下式表达:

$$D = \sqrt{2\omega^2\ln\left(\frac{\phi}{\phi_{\text{th}}}\right)} \tag{48-4}$$

式中:ϕ_{th} 为消融阈值。由此可见,除了光强,靶材的消融阈值和光束的聚焦效果也会影响凹坑直径,凹坑的直径随聚焦半径的增加而增加。如果光斑半径 ω 和消融阈值一定,能量通量影响凹坑直径大小。激光脉宽的改变会导致能量密度发生变化,也会使 ϕ 发生变化,因此,激光脉宽会影响凹坑直径大小,脉宽增大,能量密度降低,能量通量也随之降低,最终导致 D 值减小。

激光作用靶材后导致其消融的直接原因是热作用。激光辐照靶材后,部分激光被反射,剩余的激光在几个纳米厚(吸收深度)的一层靶材内被吸收,由于激光光束光斑半径在微米和毫米量级,远大于吸收深度,因此可认为热传导是沿吸收深度的一维方向,移动边界的热传导方程可表示为

$$\alpha_{\text{p}}\left(\frac{\partial T}{\partial t} - u_{\text{s}}\frac{\partial T}{\partial x}\right) = \nabla\cdot(K\,\nabla T) + \dot{q} \tag{48-5}$$

式中：ρ 和 c_p 分别为靶材的密度和热容；T 是温度；K 是热导率；u_s 是消融速率；$\dot{q}$ 是热源项。方程(48-5)的边界条件为

$$t=0 \text{ 时}, \ T(x,t) = T_a \tag{48-6}$$

$$x \to \infty \text{时}, \ T(x,t) = T_a \tag{48-7}$$

$$x=0 \text{ 时}, \ K \frac{\partial T(x,t)}{\partial x} = \Delta H_V \rho u_s(t) \tag{48-8}$$

T_a 是靶材初始温度，可用室温表示。吸收热量的是靶材表层，而靶材底层未受影响，ΔH_V 表示汽化潜热。

式(48-5)中的热源项可用下式表示：

$$\dot{q}(x) = (1-R)\alpha(x)I_L \exp\left(\int_0^x -\alpha(x)\mathrm{d}x\right) \tag{48-9}$$

式中：R 是靶材表面的反射率；α 是吸收系数；I_L 是激光能量密度。对于高斯光束的激光脉冲，I_L 表示为

$$I_L = I_{\max} \exp\left(-\beta_L\left(\frac{t}{t_p} - \frac{3}{2}\right)\right)^2 \tag{48-10}$$

式中：$I_{\max}$ 为激光脉冲的峰值能量，即

$$I_{\max} = \sqrt{\frac{\beta_L}{\pi}} \frac{F}{t_p} \tag{48-11}$$

式中：$\beta_L = 2\sqrt{2\ln 2}$；t_p 为激光脉宽；F 为激光能量密度，是与激光能量有关的常数。

式(48-11)表明，影响靶材消融的因素除了靶材的物理性质，还有激光的光学特性。靶材的物理性质随温度的变化而改变，光学特性则受温度和波长影响。

激光辐照将使靶材升温，随后发生的汽化和相爆炸导致靶材的蚀除，由于靶材物理性质(参数随温度的变化而变化)，所以蚀除速度 u_s 是动态的，而非定值。u_s 由以下给出：

$$u_s = \frac{P_s}{\rho}\left(\frac{m}{2\pi k_B T_s}\right)^{1/2} - \beta \frac{\rho}{\rho_1}\sqrt{\frac{R_g T_1}{2\pi}}\left(\mathrm{e}^{-m_0^2} - \sqrt{\pi}m_0 \mathrm{erf}(m_0)\right) \tag{48-12}$$

式中：R_g 是气体常数；ρ_1 和 T_1 分别为汽化层的密度和温度，由以下公式给出：

$$\frac{T_1}{T_s} = \sqrt{1 + \pi\left(\frac{\gamma_V - 1/m_0}{\gamma_V + 1/2}\right)^2} - \sqrt{\pi}\frac{\gamma_V - 1/m_0}{\gamma_V + 1/2} \tag{48-13}$$

$$\frac{\rho_1}{\rho_s} = \sqrt{\frac{T_1}{T_s}}\left[(m_0^2 + 0.5)\exp(m_0^2)\mathrm{erf}(m_0) - \frac{m_0}{\sqrt{\pi}}\right] + 0.5\frac{T_s}{T_1}\left[1 - \sqrt{\pi}m_0\exp(m_0^2)\mathrm{erf}(m_0)\right] \tag{48-14}$$

$$\beta = \left[2m_0^2 + 1 - m_0\sqrt{\frac{\pi T_s}{T_1}}\right]\exp(m_0^2)\frac{\rho_s}{\rho_1}\sqrt{\frac{T_s}{T_1}} \tag{48-15}$$

式中：$m_0 = \sqrt{\frac{\gamma_V}{2}}M$，$\gamma_V$ 为比热比，M 是马赫数；T_s 和 ρ_s 分别是靶材表面的温度和密度；$\mathrm{erf}(m_0)$ 为误差，可表示为

$$\mathrm{erf}(m_0) = \frac{2}{\sqrt{\pi}}\int_{m_0}^{\infty}\exp(-x^2)\mathrm{d}x \tag{48-16}$$

不同靶材之间的物理特性存在差异，并且靶材的物理参数随着消融的进行而动态变化，激

光脉宽和能量密度的变化也会影响消融过程,这些均决定了消融过程的复杂性,导致脉冲激光消融靶材的机理不明确,而脉冲钬激光脉宽对靶材消融效果的影响尚未见诸报道。基于此,本实验研究脉宽对聚焦激光烧蚀靶材的影响,其结果可为毫秒脉宽激光加工提供实践支持。

四、实验内容

1. 激光能量、脉宽、工作频率参数测量

实验前通过光功率能量计(以色列 Ophir 公司,表头 NOVA Ⅱ,探测器 PE50BF-C)和光电探测器(PV-3,波兰 Vigo 公司,响应时间 $\tau < 15$ ns)分别对不同电源参数下的激光能量和脉宽进行测量,测量能量时光纤末端距探测器端面 5 mm 左右,测量时间不超过 10 s。在激光聚焦之前让激光辐射在一块铁片上,光电探测器与铁片成一定夹角放置并探测从铁片端面的部分散射光,转化为电信号后输入示波器准确记录脉冲包络并进行脉冲宽度测试。激光工作频率可从功率/能量计表头直接读出。

2. 聚焦激光焦点定位

为了实现打孔的精确定位,可以利用调整架对靶材位置进行微调,使激光聚焦在靶材表面,操作步骤如下。

(1)调制好光路,在三维调整架上装靶材并试探性打孔。

(2)调节激光器电源参数,降低输出的激光能量并调节支架,使得聚焦激光刚好能在靶材上打孔,而沿光轴方向前后移动靶材后均不能打孔,则可定位聚焦点。

3. 聚焦激光剥蚀靶材

由于波长为 2.1 μm 钬激光在用普通的玻璃材料制作的凸透镜中传输时损耗较大,因此不能用普通 K9 玻璃材料制作凸透镜聚焦钬激光脉冲。另外,作为增益介质的固体棒直径为 10 mm,激光器谐振腔端面输出的光斑直径约为 8 mm。选择直径 15 mm、焦距 15 mm 的氟化钙材料制作的双凸透镜聚焦脉冲激光。搭建如图 48-1 所示的实验平台。频率为 5 Hz 的脉冲钬激光经氟化钙透镜聚焦在靶材表面,持续 10 个脉冲,每组参数重复实验 5 次。靶材为铸铁片(长×宽×厚=15 mm×15 mm×2 mm),铁片固定在三维调整支架上,可三维移动控制。

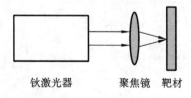

钬激光器　　　聚焦镜　靶材

图 48-1　聚焦钬激光脉冲剥蚀靶材

4. 激光能量与脉冲宽度的选择

当激光器泵浦电源泵浦脉冲宽度一定时,改变泵浦电压获得不同脉冲宽度;重复测试几组脉冲宽度一定的激光剥蚀不同铁片的实验。

5. 激光剥蚀后凹坑形貌检测

经钬激光脉冲剥蚀后的铁片放在体视显微镜(镜头 Leica M205A,摄像系统 Leica DFC550)下,主要观察凹坑表面剥蚀物、凹坑形貌、凹坑深度及凹坑表面直径等。

五、数据处理

1. 不同泵浦脉冲宽度条件下激光输出能量

不同泵浦脉冲宽度条件下激光输出能量如表 48-1 所示。

表 48-1　不同泵浦脉冲宽度条件下激光输出能量数据

泵浦脉冲宽度/ms	0.2	0.4	0.6	0.8	1.0	1.2	1.4	1.6	1.8	2.0
激光能量/mJ										

2. 不同泵浦电压和泵浦脉冲宽度条件下激光脉冲宽度

不同泵浦电压和泵浦脉冲宽度条件下激光脉冲宽度如表 48-2 所示。

表 48-2　不同泵浦电压和泵浦脉冲宽度条件下激光脉冲宽度数据

泵浦电压范围 600~1000 V,泵浦脉冲宽度 0.2~2 ms

次数	1	2	3	4	5	6	7	8	9	10
脉冲宽度/μs										

3. 不同激光参数组合(能量/脉宽)条件下凹坑形貌参数

不同激光参数组合(能量/脉宽)条件下凹坑形貌参数如表 48-3 所示。

表 48-3　不同激光参数组合(能量/脉宽)条件下凹坑形貌数据

能量/mJ					脉冲宽度/μs					
测量次数	1	2	3	4	5	6	7	8	9	10
凹坑直径/μm										
凹坑深度/μm										

六、注意事项

(1)严格按激光器操作流程启动和关闭激光系统。

(2)严禁聚焦激光状态下测量激光能量/功率、脉冲宽度等激光参数。

(3)严禁激光直接作用在光电探测器表面上。

(4)测量激光能量/功率时注意激光作用的个数及时间,防止热效应对探头的不可逆性损伤。

七、思考题

(1)聚焦激光剥蚀固体靶材的物理机制是什么?

(2)如何快速、准确地测量激光剥蚀后凹坑形貌及凹坑相关参数?

参 考 文 献

[1] 吕乃光.傅里叶光学[M].北京:机械工业出版社,2006.

[2] 罗元,胡章芳,郑培超.信息光学实验教程[M].哈尔滨:哈尔滨工业大学出版社,2011.

[3] 王绿苹.光全息和信息处理实验[M].重庆:重庆大学出版社,1991.

[4] 陶世荃.光全息存储[M].北京:北京工业大学出版社,1998.

[5] 王仕璠,刘艺,余学才.现代光学实验[M].北京:北京邮电大学出版社,2007.

[6] 陈士谦.光信息科学与技术专业实验[M].北京:清华大学出版社,2007.

[7] 周炳琨,高以智,陈倜嵘,等.激光原理[M].北京:国防工业出版社,2009.

[8] 廖延彪.光纤光学——原理与应用[M].北京:清华大学出版社,2010.

[9] 廖延彪,黎敏,张敏,等.光纤传感技术与应用[M].北京:清华大学出版社,2009.

[10] 孙长库,何明霞,王鹏.激光测量技术[M].天津:天津大学出版社,2000.

[11] 江月松.光电技术实验[M].北京:北京航空航天大学出版社,2012.

[12] 朱伟利,陈笑,张颖,等.光信息科学与技术专业实验教程[M].北京:中央民族大学出版社,2012.